中国政法大学
环境资源法研究和服务中心
宣讲参考用书

生态环境保护
健康维权普法
丛书

Environment
Protection
and
Health

U0260045

大气污染与健康维权

▶ 王灿发 谢明 主编 ◀

华中科技大学出版社
http://www.hustp.com
中国·武汉

图书在版编目（CIP）数据

大气污染与健康维权 / 王灿发, 谢明主编. -- 武汉：华中科技大学出版社，2019.9
（生态环境保护健康维权普法丛书）

ISBN 978-7-5680-5581-9

Ⅰ.①大… Ⅱ.①王… ②谢… Ⅲ.①空气污染－污染防治 Ⅳ.①X51

中国版本图书馆CIP数据核字（2019）第182732号

大气污染与健康维权
Daqi Wuran yu Jiankang Weiquan

王灿发　谢　明　主编

策划编辑：郭善珊
责任编辑：李　静
封面设计：贾　琳
责任校对：梁大钧
责任监印：徐　露
出版发行：华中科技大学出版社（中国·武汉）　　电话：（027）81321913
　　　　　武汉市东湖新技术开发区华工科技园　　邮编：430223
录　　排：北京欣怡文化有限公司
印　　刷：北京富泰印刷有限责任公司
开　　本：880mm×1230mm　1/32
印　　张：5.875
字　　数：147千字
版　　次：2019年9月第1版　2019年9月第1次印刷
定　　价：39.00元

本书若有印装质量问题，请向出版社营销中心调换
全国免费服务热线：400-6679-118，竭诚为您服务
版权所有　侵权必究

撰稿人：侯登华　谢　明　马凯阳　马亦乔　王　贺　郑元超　赵胜彪

序　言

随着我国人民群众的生活水准越来越高，每个人对自身的健康问题也越来越关注。除了通过体育锻炼增强体质和合理安全的饮食保持健康以外，近年来人们越来越关注环境质量对人体健康的影响，甚至有些人因为环境污染导致的健康损害而与排污者对簿公堂。然而，环境健康维权，无论是国内还是国外，都并非易事。著名的日本四大公害案件，公害受害者通过十多年的抗争，才得到赔偿，甚至直到现在还有人为被认定为公害受害者而抗争。

我国现在虽然有了一些环境侵权损害赔偿的立法规定，但由于没有专门的环境健康损害赔偿的专门立法，污染受害者在进行环境健康维权时仍然是困难重重。我们组织编写的这套环境健康维权丛书，从我国污染受害者的现实需要出发，除了向社会公众普及环境健康维权的基本知识外，还包括财产损害、生态损害赔偿的法律知识和方法、途径，甚至还包括环境刑事案件的办理。丛书的作者，除了有长期从事环境法律研究和民事侵权研究的法律专家外，还有一些环境科学和环境医学的专家。丛书的内容特别注意了基础性、科学性、实用性，是公众和专业律师进行环境健康维权的好帮手。

环境污染，除了可能会引起健康损害赔偿等民事责任，也可能承担行政责任，甚至是刑事责任。衷心希望当事人和相关主体采取"健康"的方式，即合法、理性的方法维护相关权益。

虽然丛书的每位作者和出版社编辑都尽了自己的最大努力，力求把丛书打造成环境普法的精品，但囿于各位作者的水平和资料收集的局限，其不足之处在所难免，敬请读者批评指正，以便再版时修改完善。

王灿发

2019 年 6 月 5 日于杭州东站

编者说明

一、什么是大气污染

20 世纪的世界十大环境污染事件，有五起是空气污染，分别是 1930 年的马斯河谷烟雾事件，1943 年的洛杉矶光化学烟雾事件，1948 年的多诺拉烟雾事件，1952 年的伦敦烟雾事件和 1984 年的印度博帕尔事件。

大气污染又叫空气污染，是指由于人类活动或自然过程引起某些污染源进入大气中，呈现出足够的浓度，达到足够的时间，危害了人类的舒适、健康和福利或环境的现象。

大气污染物的来源主要包括以下几个方面：

（一）工业生产。工业生产排放到大气中的污染物有烟尘、硫的氧化物、氮的氧化物、有机化合物、卤化物，以及碳化合物等。

（二）民用生活。民用生活消耗大量煤炭，煤炭在燃烧过程中释放大量的灰尘、二氧化硫和一氧化碳等有害物质。

（三）交通运输。燃油汽车排放的废气主要有一氧化碳、二氧化硫、氮氧化物和碳氢化合物等。

二、大气污染的危害

首先，危害人的身心健康。

1952 年 12 月 5 日至 9 日，伦敦上空笼罩着浓厚的烟雾，不仅市民的生活被打乱，身体健康也受到严重侵害。据统计，因这场大烟雾而死的人多达 4,000 人。此次事件被称为"伦敦烟雾事件"，成为 20 世纪十大环境公害事件之一。

大气污染物对人体的危害是多方面的，主要表现在呼吸道疾病与生理功能障碍。眼鼻内黏膜组织受到刺激会病变，长期呼吸被污染的空气，会引起慢性支气管炎、支气管哮喘、肺气肿及肺癌等疾病。

其次，对植物的生长、产量、品质的危害。

大气污染物，尤其是二氧化硫、氟化物等对植物的危害是十分严重的。当污染物浓度很高时，会对植物产生急性危害，使植物叶表面产生伤斑，或者直接使叶片枯萎脱落；当污染物浓度不高时，会对植物产生慢性危害，使植物叶片褪绿，或者表面上看不出什么危害症状，但植物的生理机能已受到了影响，造成植物产量下降，品质变坏。

第三，影响天气和气候。

大气污染减少到达地面的太阳辐射量，导致人和动植物因缺乏阳光而生长发育不良；空气污染地区的硫酸雨，影响工农业生产，毁坏森林和农作物，使金属的防锈涂料变质而降低保护作用，还会腐蚀污染建筑物；大气污染导致的"温室效应"会使气候异常，使自然灾害加重，直接威胁人类健康。

三、本书主要法律内容

（一）民商事内容

结合大气污染纠纷民商事案例，讲解与受害方如何维权、侵权人如何救济相关的法律法规，包括相关的实体法规定和程序法规定，同时介绍相关的法理知识。

（二）行政内容

结合大气污染纠纷行政案例，讲解与当事人如何维权、行政机关如何救济相关的法律法规，包括相关的实体法规定和程序法规定，同时介绍相关的法理知识。

（三）刑事内容

结合大气污染纠纷的刑事案例，讲解与受害方如何维权、嫌疑人及被告人如何救济相关的法律法规，包括相关的实体法规定和程序法规定，同时介绍相关的法理知识。

四、本书目的

本书从法律、健康的角度，介绍与大气污染相关的法律和健康知识，加强读者对大气污染及危害的认识，学习相关的法律知识，提高生态环境维权的法律意识，从而实现保护生态环境、保护生命健康、依法维权的目的。

书名中的"健康维权"，有两层含义：

一是保护什么、用什么方法。不但要保护公民的健康权、生命权、财产权，而且要依法保护，于法有据，要用"健康"的方式维权。

二是保护谁、维护谁的权。不仅仅是保护受害方的合法权益，也要维护侵权人、被告人、嫌疑人，甚至罪犯的合法权益。

目录

第一部分　民事篇

案例一 儿童患上白血病，汽车公司上法庭

一、引子和案例

（一）案例简介

轿车给人们的生活、工作带来不少便利，但有时也会引起麻烦，车内空气污染会影响人们的健康，严重的会危及生命。下面的案例就与空气污染相关。

2012 年 12 月 26 日，5 岁的童童（化名）在医院被诊断为白血病。她的父亲认为童童患白血病和他们家买的汽车有关。

事情经过是这样的，2012 年 11 月 2 日，童童的父亲杨某在 A 汽车销售服务有限公司处购买了 B 汽车有限公司生产的某品牌轿车一辆，后在车辆登记管理部门办理了车牌登记手续。童童的父亲每天用该车辆接送童童上幼儿园。2012 年 12 月 26 日，童童在医院被诊断得了白血病。2013 年 6 月 7 日，一家做空气检测的公司接受童童母亲的委托，对轿车室内的环境污染物作了检测，检测报告显示甲醛超标。

2013 年 7 月 10 日，原告童童（由其父亲作为代理人）以"环境污染侵权"为由诉至法院，要求 A 汽车销售公司和汽车生产厂家赔偿医疗费用等若干。原告为证实其主张，提供以下证据：1. 诊断证明书及

病案各一份，证明原告患白血病；2.检测报告一份，对涉案车辆进行的检测证实车内空气严重污染，含有大量的有害物质，超出《民用建筑工程室内环境污染控制规范》的标准五倍；3.购车发票及行驶证各一份，证实原告法定代理人系从被告A汽车销售公司购买了由B汽车有限公司生产的车辆；4.医疗费用单据，证实原告医疗费115,000元、交通费200元、护理费及伙食补助费的诉求数额；5.某幼儿园出具的证明一份，证实原告在2012年6月5日至12月25日期间未接触过其他污染源。

被告认为自己生产销售的汽车合格，并提供证据证实其车辆合格。

（二）裁判结果

法院于2013年12月6日作出一审判决。法院认为根据原告提供的证据不能认定涉案车辆室内空气质量不符合国家相关标准，也不能证实车内有害气体超标、车内有害气体与原告患白血病有因果关系，故对原告要求二被告赔偿损失的诉讼请求，因无相应的证据予以证实，不予支持，判决"驳回原告童童的诉讼请求"。

原告不服一审判决，上诉至市中级人民法院，市中级人民法院于2014年6月5日作出民事裁定书。以原审认定事实不清为由，裁定撤销原审法院民事判决，发回原审法院重审。

重审结果是驳回原告童童的诉讼请求。原告童童又上诉，请求撤销重审判决，依法改判。2015年8月14日，市中级人民法院判决，上诉人童童的上诉主张不能成立，原审判决认定基本事实清楚，适用法律正确，判决适当，应予维持，驳回上诉，维持原判。

与案例相关的问题：

什么是白血病？

什么是产品责任？产品责任的构成要件有哪些？

二、相关知识

问：什么是白血病？

答：白血病是一类造血干细胞恶性克隆性疾病。克隆性白血病细胞因为增殖失控、分化障碍、凋亡受阻等机制，在骨髓和其他造血组织中大量增殖累积，并浸润其他非造血组织和器官，同时抑制正常造血功能。临床可见不同程度的贫血、出血、感染发热以及肝、脾、淋巴结肿大和骨骼疼痛。

白血病按起病的缓急可分为急性白血病、慢性白血病。临床上常将白血病分为淋巴细胞白血病、髓细胞白血病、混合细胞白血病等。

医学界普遍认为，除了家族遗传，环境污染是儿童患白血病的重要诱因。白血病病因大致有以下几个方面：

1. 病毒因素。RNA病毒可引起鼠、猫、鸡和牛等动物的白血病。

2. 化学因素。一些化学物质可导致白血病，接触苯及其衍生物的人群白血病发生率高于一般人群。

3. 放射因素。有证据显示，各种电离辐射可以引起人类白血病。

4. 遗传因素。有染色体畸变的人群白血病发病率高于正常人。

三、与案件相关的法律问题

（一）学理知识

问：什么是产品责任？产品责任的构成要件有哪些？

答：产品责任是指由于产品有缺陷，造成了产品的消费者、使用者或其他第三者的人身伤害或财产损失，依法应由生产者或销售者分别或共同负责赔偿的侵权法律责任。

产品责任的构成要件如下：

1. 产品存在缺陷。

《中华人民共和国产品质量法》第四十六条规定，产品缺陷"是指产品存在危及人身、他人财产安全的不合理的危险；产品有保障人体健康和人身、财产安全的国家标准、行业标准的，是指不符合该标准。"

《中华人民共和国侵权责任法》第四十六条规定："产品投入流通后发现存在缺陷的，生产者、销售者应当及时采取警示、召回等补救措施。未及时采取补救措施或者补救措施不力造成损害的，应当承担侵权责任。"

2. 产品缺陷造成受害人民事权益损害后果，即产品因缺陷造成了人身、财产的损害。

3. 产品缺陷与受害人损害后果之间有因果关系。

因果关系是指产品的缺陷与受害人的损害事实之间存在引起与被引起的关系，产品缺陷是原因，损害事实是结果。确认产品责任的因果关系要由受害人证明，确认产品存在缺陷造成损害，而且能排除其他造成损害的原因。

4. 适用无过错责任原则。

无过错责任原则是指没有过错造成他人损害、依据法律规定承担民事责任的确认责任的准则。

《中华人民共和国侵权责任法》第七条规定："行为人损害他人民事权益，不论行为人有无过错，法律规定应当承担侵权责任的，依照其规定。"

（二）法院裁判的理由

法院不支持原告的诉求，理由有以下几点：

第一，认为该案件是产品责任纠纷，不是环境污染责任纠纷。

第二，法院认为本案的焦点，一是涉案车辆室内空气质量是否符合标准；二是上诉人患白血病与涉案车辆室内空气质量是否存在因果关系。

第三，原告负有对涉案车辆室内空气质量不符合标准的举证责任，但是原告的证据不能证明；相反，被告有证据证明涉案车辆室内空气质量符合标准。

原告虽提交检测报告证实涉案车辆空气污染，但二被告均提出该检测报告系单方委托鉴定，且该鉴定不能证明检测车辆是被告销售、生产的车辆，检测报告中没有车架号及发动机号，且检测的标准不对，本案不应适用民用建筑物标准。原告检测的车辆不是出厂时的状态，因为该车辆经过原告的多次装饰及装修。且本案审理中，原告不同意对车内污染物再次检测，故根据现有证据不能认定涉案车辆室内空气质量不符合标准。相反，被告提交上海市企业技术标准一份，证明被告销售、生产的车辆合格。

第四，原告对车内有害气体超标与原告患白血病的因果关系有举证责任，但是原告无相应的证据予以证实。

确认产品责任的因果关系要由受害人证明，确认产品存在缺陷造成损害，而且能排除其他造成损害的原因。但是原告无相应的证据证实车内有害气体超标与原告患白血病有因果关系，故法院对原告要求被告赔偿损失的诉讼请求，因无相应的证据予以证实，不予支持。

（三）法院裁判的法律依据

《中华人民共和国侵权责任法》：

第四十一条 因产品存在缺陷造成他人损害的，生产者应当承担侵权责任。

第四十二条　因销售者的过错使产品存在缺陷，造成他人损害的，销售者应当承担侵权责任。

销售者不能指明缺陷产品的生产者也不能指明缺陷产品的供货者的，销售者应当承担侵权责任。

第四十三条　因产品存在缺陷造成损害的，被侵权人可以向产品的生产者请求赔偿，也可以向产品的销售者请求赔偿。

产品缺陷由生产者造成的，销售者赔偿后，有权向生产者追偿。

因销售者的过错使产品存在缺陷的，生产者赔偿后，有权向销售者追偿。

第六十六条　因污染环境发生纠纷，污染者应当就法律规定的不承担责任或者减轻责任的情形及其行为与损害之间不存在因果关系承担举证责任。

《最高人民法院关于民事诉讼证据的若干规定》：

第二条　当事人对自己提出的诉讼请求所依据的事实或者反驳对方诉讼请求所依据的事实有责任提供证据加以证明。

没有证据或者证据不足以证明当事人的事实主张的，由负有举证责任的当事人承担不利后果。

《中华人民共和国民事诉讼法》：

第一百六十九条　第二审人民法院对上诉案件，应当组成合议庭，开庭审理。经过阅卷、调查和询问当事人，对没有提出新的事实、证据或者理由，合议庭认为不需要开庭审理的，可以不开庭审理。

第二审人民法院审理上诉案件，可以在本院进行，也可以到案件发生地或者原审人民法院所在地进行。

第一百七十条第一款　第二审人民法院对上诉案件，经过审理，按照下列情形，分别处理：

（一）原判决、裁定认定事实清楚，适用法律正确的，以判决、裁定方式驳回上诉，维持原判决、裁定。

第一百七十五条 第二审人民法院的判决、裁定，是终审的判决、裁定。

（四）上述案例的启示

本案原告以环境污染侵权为由起诉，经过一审、上诉、重审、又上诉，最终败诉，可以给我们几点启示。

1.确定责任性质。汽车室内空气污染维权，首先要确定责任性质，是以产品责任纠纷还是以环境污染责任纠纷起诉，以便为相应的法律适用、举证责任等做好准备工作。本案原告是以环境污染责任纠纷起诉的，但是法院没有支持原告的诉求。

2.从两方面准备证据。一方面要准备产品责任纠纷的证据，包括产品存在缺陷的证据、产品缺陷造成受害人民事权益损害后果的证据、产品缺陷与受害人损害后果之间有因果关系的证据。另一方面也要准备环境污染责任纠纷的证据，包括污染者实施了污染环境的行为的证据、受害人受到损害的证据、污染环境的行为与受害人受到损害的事实有因果关系的证据。

本案原告准备了环境污染责任纠纷的相关证据，但是没有准备产品责任纠纷的证据，假如原告在准备环境污染责任纠纷相关证据的同时，也充分准备了支持原告诉求的产品责任纠纷的证据，判决可能会对原告有利。

案例二　单位装修成被告，员工患病要赔偿

一、引子和案例

（一）案例简介

室内装修能给人带来舒适、美观的享受，也可能引起室内空气污染，给人的身体健康造成损害，还可能引起空气污染责任纠纷。下面的案例就是因为室内装修引起的损害赔偿纠纷。

李某是 A 监理公司的职工，退休后仍在公司工作至 2012 年 8 月 2 日。工作内容为：门岗、打扫卫生。每天的工作时间约 16 个小时，住在 A 监理公司门卫室。打扫卫生的范围为走廊、四楼两个会议室、卫生间、五楼一个大会议室。A 监理公司装修时间为 2011 年 10 月左右，装修了所有房间、走廊、卫生间，装修后，李某在五楼会议室打扫过卫生四五次。2012 年 5 月，李某眼底出血，同年 8 月 4 日确诊为急性髓性白血病。李某单方委托一家室内空气检测治理中心对 A 监理公司值班室进行检测，检测结果显示甲醛浓度为 0.63mg/m³，属重度污染。李某把 A 监理公司起诉到法院，要求赔偿医疗费 94,218.51 元、治疗和康复支出费用 4,560 元、护理费 9,070 元、交通费 2,280 元，以及误工费等，共计约 12 万元。

　　A 监理公司对检测报告不予认可。李某又申请对 A 监理公司的走廊、四楼两个会议室、卫生间、五楼一个大会议室室内空气进行检测鉴定，后因负担不起鉴定费而撤回鉴定申请。经一审法院多次释明，A 监理公司方称李某需先申请鉴定证实室内空气存在污染后，自己才负有举证证实污染和李某的疾病不存在因果关系的义务。双方均拒绝鉴定。

　　A 监理公司提交了装修照片、装修单位资质证明、装修材料检测报告、工程验收合格报告等，以证实其装修不存在污染问题。

（二）裁判结果

　　一审法院依照《中华人民共和国侵权责任法》第六十六条、第十六条之规定，判决如下：1. A 监理公司赔偿李某医疗费、为治疗和康复支出的费用、护理费、交通费等，共计 11 万多元，于判决生效后十日内付清。2. 驳回李某误工费等其他诉讼请求。案件受理费由 A 监理公司承担。如果未按判决指定的期间履行给付相关费用的义务，应当按照《中华人民共和国民事诉讼法》第二百五十三条之规定，加倍支付延迟履行期间的债务利息。

　　A 监理公司对一审判决不服，提出上诉，请求二审法院依法撤销该案一审民事判决，驳回李某的诉讼请求，由李某承担本案全部诉讼费用。理由是：1. 一审法院在认定事实上存在严重错误，与实际不符。2. 一审法院适用法律存在错误。一审法院在没有证据证明上诉人 A 监理公司存在污染的情况下，适用《中华人民共和国侵权责任法》的相关规定，让上诉人承担全部的赔偿责任，属于适用法律错误。3. 一审法院判决上诉人承担全部诉讼费用错误。

　　被上诉人李某辩称：一审判决适用法律正确，请求二审法院维持一审判决，上诉人上诉理由不成立。

二审法院经审理，查明的事实与原审法院查明的事实一致，依照相关法律规定，驳回上诉，维持原判。二审案件受理费，由上诉人 A 监理公司负担。

A 监理公司对二审判决结果不服，又提出再审申请。高级人民法院认为，再审申请不符合《中华人民共和国民事诉讼法》第二百条规定的情形。依照《中华人民共和国民事诉讼法》第二百零四条第一款的规定，裁定驳回 A 监理公司的再审申请。

与案例相关的问题：

什么是急性髓细胞性白血病？

什么是民事案件一审程序？什么是民事案件二审程序？

什么是民事案件审判监督程序？什么是民事案件再审程序？

什么是民事案件两审终审制？

什么是环境污染责任？

二、相关知识

问：什么是急性髓细胞性白血病？

答：急性髓细胞性白血病是髓系造血干 / 祖细胞恶性疾病。以骨髓与外周血中原始和幼稚髓性细胞异常增生为主要特征，临床表现为贫血、出血、感染和发热、脏器浸润、代谢异常等。绝大多数白血病是环境因素与细胞的遗传物质相互作用引起的，原因有以下几方面：

1. 辐射污染。1945 年日本广岛和长崎两地原子弹受害幸存者中，白血病发病率持续数十年明显高于其他人群，辐射损伤是致病原因之一。

2. 化学物质。如油漆、苯、染发剂等通过对骨髓损害，也可能诱发白血病。

3. 细胞毒药。有的口服药物可能与急性髓细胞性白血病有关。

4.病毒感染。病毒可引起禽类、小鼠、大鼠、豚鼠、猫、狗、牛、猪、猴的白血病，肿瘤病毒与人的白血病病因有关。

5.遗传因素。遗传因素是白血病的病因之一。

三、与案件相关的法律问题

（一）学理知识

问：什么是民事案件一审程序？什么是民事案件二审程序？

答：审理程序是法院审理案件适用的程序，分为一审程序、二审程序、审判监督程序等。

第一审程序是指第一审法院审理第一审民事案件的诉讼程序。根据审理案件的繁简程度不同，第一审程序又分为普通程序和简易程序。

第二审程序又叫终审程序，是指第二审法院对当事人不服的、没有生效的一审民事判决或裁定进行审判应当遵循的程序。第二审法院作出的判决、裁定即为终审结果。

问：什么是民事案件审判监督程序？什么是民事案件再审程序？

答：民事审判监督程序即民事再审程序，是指对已经发生法律效力的判决、裁定、调解书，法院认为确有错误，对案件再行审理的程序。审判监督程序只是纠正生效裁判错误的法定程序，它不是案件审理的必经程序，也不是诉讼的独立审级。

问：什么是民事案件两审终审制？

答：民事案件两审终审制是指一个民事案件经两级法院审判后，就终结并发生法律效力的制度。中国法院分为基层人民法院、中级人民法院、高级人民法院（以上都为地方人民法院）、最高人民法院四级。除了最高人民法院的判决裁定、一审终审的案件外，一般的民事案件、当事人不服的判决、允许上诉的裁定，可以上诉到第二审法院。

问：什么是环境污染责任？

答：环境污染责任是指污染者违反法律规定的义务，以作为或者不作为的方式，污染环境造成他人损害，应当承担的特殊侵权责任。

环境污染责任构成要件：

1. 污染者实施了污染环境的行为，包括有过错行为和无过错行为；符合国家或者地方污染物排放标准的行为和不符合国家或者地方污染物排放标准的行为。

因污染环境造成损害，不论污染者有无过错，污染者都应当承担侵权责任。污染者以排污符合国家或者地方污染物排放标准为由主张不承担责任的，人民法院不予支持。

2. 有受害人受到损害的事实。损害包括人身损害、财产损失等，还包括侵害或妨害。污染行为没有造成损害，但是构成侵害或妨害，被侵权人提起诉讼，请求污染者停止侵害、排除妨害、消除危险的，不受《中华人民共和国环境保护法》规定的三年时效期间的限制。

3. 污染环境的行为与受害人受到损害的事实有因果关系。因污染环境造成损害的，污染者应当承担侵权责任。因污染环境发生纠纷，污染者应当就法律规定的不承担责任或者减轻责任的情形及其行为与损害之间不存在因果关系承担举证责任。

4. 适用无过错责任原则。无过错责任原则是指没有过错造成他人损害、依据法律规定承担民事责任的确认责任的准则。行为人损害他人民事权益，不论行为人有无过错，法律规定应当承担侵权责任。依照其规定，因污染环境造成损害，不论污染者有无过错，污染者都应当承担侵权责任。污染者以排污符合国家或者地方污染物排放标准为由主张不承担责任的，法院不予支持。

（二）法院裁判的理由

法院认为，这个案件属于环境侵权责任纠纷，被告向原告提供的办公环境存在污染。被告依法负有证实被告办公场所的空气污染和原告患病不存在因果关系的举证责任。经法院多次释明，被告仍拒绝就此进行举证，应负举证不能的责任。

本案争议的焦点有两个：

一是被告向原告提供的办公环境是否存在污染。法院认为存在污染，理由是：原告诉称装修、办公桌、椅、柜、床致室内空气污染，并提供了原告单方委托的检测机构出具的检测结果。被告以装修材料合格及装修合格为由抗辩。

室内污染原因复杂，可能和装修材料、桌、椅、床、柜等都存在关系，且装修和家具会产生污染，只是污染物和污染程度不同，这已是常识。被告称办公环境无污染，法院不予支持。

二是如存在污染，那么与原告患病之间是否有因果关系。人体患病的原因十分复杂，但空气污染可能引起白血病已为现代医学所证实。被告办公场所的空气污染程度是否能够引起原告患病及因果关系的大小，根据目前证据无法判断。被告依法负有证实二者之间不存在因果关系的举证责任。但经法院多次释明，被告仍拒绝就此进行举证，所以应负举证不能的责任。

基于上述理由，法院作出有利于原告的判决。

（三）法院裁判的法律依据

《中华人民共和国侵权责任法》：

第十六条 侵害他人造成人身损害的，应当赔偿医疗费、护理费、交通费等为治疗和康复支出的合理费用，以及因误工减少的收入。造成残疾的，还应当赔偿残疾生活辅助具费和残疾赔偿金。造成死亡的，还应当赔偿丧葬费和死亡赔偿金。

第六十六条 因污染环境发生纠纷，污染者应当就法律规定的不承担责任或者减轻责任的情形及其行为与损害之间不存在因果关系承担举证责任。

《最高人民法院关于审理环境侵权责任纠纷案件适用法律若干问题的解释》：

第一条 因污染环境造成损害，不论污染者有无过错，污染者应当承担侵权责任。污染者以排污符合国家或者地方污染物排放标准为由主张不承担责任的，人民法院不予支持。

污染者不承担责任或者减轻责任的情形，适用海洋环境保护法、水污染防治法、大气污染防治法等环境保护单行法的规定；相关环境保护单行法没有规定的，适用侵权责任法的规定。

第六条 被侵权人根据侵权责任法第六十五条规定请求赔偿的，应当提供证明以下事实的证据材料：

（一）污染者排放了污染物；

（二）被侵权人的损害；

（三）污染者排放的污染物或者其次生污染物与损害之间具有关联性。

《最高人民法院关于民事诉讼证据的若干规定》：

第二条 当事人对自己提出的诉讼请求所依据的事实或者反驳对方诉讼请求所依据的事实有责任提供证据加以证明。

没有证据或者证据不足以证明当事人的事实主张的，由负有举证责任的当事人承担不利后果。

《中华人民共和国民事诉讼法》（2012年版）：

第一百六十四条 当事人不服地方人民法院第一审判决的，有权在判决书送达之日起十五日内向上一级人民法院提起上诉。

当事人不服地方人民法院第一审裁定的，有权在裁定书送达之日起十日内向上一级人民法院提起上诉。

第一百七十条　第二审人民法院对上诉案件，经过审理，按照下列情形，分别处理：

（一）原判决、裁定认定事实清楚，适用法律正确的，以判决、裁定方式驳回上诉，维持原判决、裁定；

（二）原判决、裁定认定事实错误或者适用法律错误的，以判决、裁定方式依法改判、撤销或者变更；

（三）原判决认定基本事实不清的，裁定撤销原判决，发回原审人民法院重审，或者查清事实后改判；

（四）原判决遗漏当事人或者违法缺席判决等严重违反法定程序的，裁定撤销原判决，发回原审人民法院重审。

原审人民法院对发回重审的案件作出判决后，当事人提起上诉的，第二审人民法院不得再次发回重审。

第二百条　当事人的申请符合下列情形之一的，人民法院应当再审：

（一）有新的证据，足以推翻原判决、裁定的；

（二）原判决、裁定认定的基本事实缺乏证据证明的；

（三）原判决、裁定认定事实的主要证据是伪造的；

（四）原判决、裁定认定事实的主要证据未经质证的；

（五）对审理案件需要的主要证据，当事人因客观原因不能自行收集，书面申请人民法院调查收集，人民法院未调查收集的；

（六）原判决、裁定适用法律确有错误的；

（七）审判组织的组成不合法或者依法应当回避的审判人员没有回避的；

（八）无诉讼行为能力人未经法定代理人代为诉讼或者应当参加诉

讼的当事人，因不能归责于本人或者其诉讼代理人的事由，未参加诉讼的；

（九）违反法律规定，剥夺当事人辩论权利的；

（十）未经传票传唤，缺席判决的；

（十一）原判决、裁定遗漏或者超出诉讼请求的；

（十二）据以作出原判决、裁定的法律文书被撤销或者变更的；

（十三）审判人员审理该案件时有贪污受贿，徇私舞弊，枉法裁判行为的。

第二百零四条　人民法院应当自收到再审申请书之日起三个月内审查，符合本法规定的，裁定再审；不符合本法规定的，裁定驳回申请。有特殊情况需要延长的，由本院院长批准。

因当事人申请裁定再审的案件由中级人民法院以上的人民法院审理，但当事人依照本法第一百九十九条的规定选择向基层人民法院申请再审的除外。最高人民法院、高级人民法院裁定再审的案件，由本院再审或者交其他人民法院再审，也可以交原审人民法院再审。

第二百五十三条　被执行人未按判决、裁定和其他法律文书指定的期间履行给付金钱义务的，应当加倍支付迟延履行期间的债务利息。被执行人未按判决、裁定和其他法律文书指定的期间履行其他义务的，应当支付迟延履行金。

（四）上述案例的启示

原告李某胜诉、被告败诉的启示主要有两点：

1.选择对当事人有利的案由是原告胜诉的前提条件。

案由是法院对诉讼案件所涉及的法律关系的性质进行概括后形成的案件名称。一个案件可能会有不同的法律关系，要选择对当事人有利的案由。

本案的当事人李某可以以产品责任纠纷的案由起诉装修材料的生产者，也可以以环境污染责任纠纷的案由起诉 A 监理公司。产品责任纠纷的案由具体又包括产品生产者责任纠纷、产品销售者责任纠纷、产品运输者责任纠纷、产品仓储者责任纠纷等。环境污染责任纠纷的案由具体包括大气污染责任纠纷、水污染责任纠纷、噪声污染责任纠纷、放射性污染责任纠纷、土壤污染责任纠纷、电子废物污染责任纠纷、固体废物污染责任纠纷等。

产品缺陷责任的构成要件和环境污染责任的构成要件不同，当事人提供证据的难度大小也不同。产品缺陷责任的构成要件之一是产品缺陷与受害人损害后果之间有因果关系；证明有因果关系的举证责任分配原则是一般原则，即谁主张谁举证；环境污染责任的构成要件之一也是污染环境的行为与受害人受到损害的事实有因果关系，这种因果关系是推定有因果关系，证明有因果关系的举证责任分配原则不是一般原则，而是倒置原则。

如果以产品责任纠纷的案由起诉，不提供装修材料有缺陷的证据，会有举证不能的不利后果，而要提供装修材料有缺陷的证据，对当事人李某会有许多不利的因素。而以环境污染责任纠纷的案由起诉，A 监理公司就要对法律规定的其不承担责任或者减轻责任的情形及 A 监理公司的行为与原告李某损害之间不存在因果关系提供证据。不提供相关证据，A 监理公司就要承担不利的后果。因此，以环境污染责任纠纷的案由起诉比以产品责任纠纷的案由起诉，对原告李某更有利。

2. 要按照法律规定提供相关证据，否则会有不利的后果。

《中华人民共和国侵权责任法》第六十六条，《最高人民法院关于审理环境侵权责任纠纷案件适用法律若干问题的解释》第六条、第七条，《最高人民法院关于民事诉讼证据的若干规定》第四条都对侵权诉讼的举证责任作出了具体的规定。本案原告李某依照法律规定提供了相关的证据，而被告 A 监理公司没有就法律规定的不承担责任或者减轻责任的情形及其行为与损害之间不存在因果关系提供证据，故承担不利后果。

案例三　观光园恶臭停业，牛粪是罪魁祸首

一、引子和案例

（一）案例简介

行政机关依据《中华人民共和国行政处罚法》的规定，对违反行政管理秩序的公民、法人或者其他组织，有权责令其停产停业。

陈某是一个农庄和生态观光园的投资经营者。农庄于 2006 年 5 月 23 日成立，并取得个体工商户营业执照，经营范围为中式餐饮制售、水果零售等。

农庄和生态农业观光园相互配套，形成完整的休闲旅游观光体系。

2010 年，和山庄相邻的牧业公司引进养殖了一批奶牛，牛粪倾倒处距农庄餐厅约四五十米，排放出来的恶臭气体令人无法忍受。

由于空气污染，原告客流大大减少，最终导致没有顾客进农庄用餐，这给陈某的农庄带来毁灭性的打击，农庄被迫于 2011 年 9 月 1 日停业。

为此，陈某将牧业公司起诉至法院，要求判令被告赔偿原告因环境污染造成的各项损失共计 1,226,940 元，其中，农庄重建费用为 986,940 元，农庄停业损失为 24 万元；并判令被告停止实施对原告农

庄的环境污染行为。

法院立案受理后，依法组成合议庭。

陈某向法院提供了牧业公司在养殖奶牛过程中产生大量的恶臭气体造成空气污染，以及因空气污染导致客人稀少，农庄餐厅停业造成损害等相关证据，其中包括农庄委托由法院随机选定的区价格认证中心出具的价格认证意见书，上面写明农庄重建费用为 986,940 元，农庄停业损失为 24 万元，共计人民币 1,226,940 元。

牧业公司称：1. 牧业公司养殖生产行为和陈某的损害结果之间没有因果关系，排放的废气符合环境标准。2. 对农庄停业损失及重建费用价格认证意见书不予认可。理由之一是该鉴定不具有合法性，主要表现在鉴定地点不在鉴定人的鉴定范围内。理由之二是鉴定的事项内容不合法，鉴定人接受委托鉴定的损失期限应为 3 年，但鉴定损失的期限是 4 年，造成鉴定时间大于要求鉴定的时间。

（二）裁判结果

一审法院经过审理，根据当事人自认的事实及法院依法确认有证明力的证据，判决：

1. 牧业公司赔偿陈某人民币 213,123 元，在判决生效后 10 日内履行完毕。

2. 驳回陈某的其他诉讼请求。

陈某和牧业公司对一审判决都提起上诉，二审法院依法组成合议庭审理了本案，审理终结。

二审法院认为，一审认定事实清楚，适用法律正确，处理并无不当。陈某和牧业公司的上诉理由均不能成立，法院均不予支持。根据《中华人民共和国民事诉讼法》的相关规定判决驳回上诉，维持原判。

与案例相关的问题：

什么是损害事实？

什么是审判组织？什么是合议庭？

什么是举证责任？

什么是举证责任分配？举证责任分配的一般原则是什么？

什么是因果关系推定？什么是举证责任倒置？

举证责任分配的举证责任倒置规则包括哪些内容？

举证责任分配的举证责任免除规则包括哪些内容？

什么是无过错责任原则？

二、相关知识

问：什么是损害事实？

答：损害事实是侵权责任的构成要件之一，是指侵权人的行为给他人财产或者人身权益造成不利影响，包括财产损害和人身损害、精神损害。损害事实包括现实的已存在的不利后果，也包括对现实威胁的不利后果。

本案中，因空气污染给陈某农庄餐厅造成的收入减少，就是侵权人的行为给陈某财产造成的不利影响。

三、与案件相关的法律问题

（一）学理知识

问：什么是审判组织？什么是合议庭？

答：审判组织是法院审理案件的内部组织。根据审理案件的性质可分为刑事审判组织、民事审判组织和行政审判组织。法院审理案件的组织形式有两种：独任制和合议制。

独任制是指由一名审判员对案件进行审理并作出裁判的审判组织形式。合议制是指由三名以上的审判人员，或者由审判员和陪审员共同组成审判庭代表法院行使审判权，对案件进行审理和裁判的审判组织形式。

按照合议制组成的审判组织，称为合议庭。在不同的审判程序中合议庭的组成人员有所不同。

问：什么是举证责任？

答：举证责任是指当事人对自己提出的主张有收集或提供证据的义务。

《中华人民共和国民事诉讼法》第六十四条第一款规定："当事人对自己提出的主张，有责任提供证据。"《最高人民法院关于适用〈中华人民共和国民事诉讼法〉的解释》第九十条第一款规定："当事人对自己提出的诉讼请求所依据的事实或者反驳对方诉讼请求所依据的事实，应当提供证据加以证明，但法律另有规定的除外。"

不能举证将导致其主张不能成立，原告或被告的请求或抗辩得不到人民法院的支持。《最高人民法院关于民事诉讼证据的若干规定》第二条规定："没有证据或者证据不足以证明当事人的事实主张的，由负有举证责任的当事人承担不利后果。"《最高人民法院关于适用〈中华人民共和国民事诉讼法〉的解释》第九十条第二款规定："在作出判决前，当事人未能提供证据或者证据不足以证明其事实主张的，由负有举证证明责任的当事人承担不利的后果。"

问：什么是举证责任分配？举证责任分配的一般原则是什么？

答：举证责任分配是指按照法律规定和举证时限的要求，当事人对哪些证据要承担举证责任的分配原则。举证责任分配的基本原则有一般原则和特殊规则。

举证责任分配的一般原则是谁主张谁举证。

在庭审中，凡主张权利或法律关系存在的当事人，应对产生权利或法律关系的存在承担举证责任；凡主张已发生权利或法律关系变更或消灭的当事人应对存在变更或消灭的事实承担举证责任。

《最高人民法院关于适用〈中华人民共和国民事诉讼法〉的解释》第九十一条规定："人民法院应当依照下列原则确定举证证明责任的承担，但法律另有规定的除外：

"（一）主张法律关系存在的当事人，应当对产生该法律关系的基本事实承担举证证明责任；

"（二）主张法律关系变更、消灭或者权利受到妨害的当事人，应当对该法律关系变更、消灭或者权利受到妨害的基本事实承担举证证明责任。"

《最高人民法院关于民事诉讼证据的若干规定》第二条："当事人对自己提出的诉讼请求所依据的事实或者反驳对方诉讼请求所依据的事实有责任提供证据加以证明。没有证据或者证据不足以证明当事人的事实主张的，由负有举证责任的当事人承担不利后果。"

第五条："在合同纠纷案件中，主张合同关系成立并生效的一方当事人对合同订立和生效的事实承担举证责任；主张合同关系变更、解除、终止、撤销的一方当事人对引起合同关系变动的事实承担举证责任。对合同是否履行发生争议的，由负有履行义务的当事人承担举证责任。对代理权发生争议的，由主张有代理权一方当事人承担举证责任。"

第六条："在劳动争议纠纷案件中，因用人单位作出开除、除名、辞退、解除劳动合同、减少劳动报酬、计算劳动者工作年限等决定而发生劳动争议的，由用人单位负举证责任。"

问：什么是因果关系推定？什么是举证责任倒置？

答：因果关系推定指依照法律规定对某些特殊情况，假定加害人的行为和受害人的损害有因果关系，对事实上的因果关系采取举证责任倒置方法，即让加害人证明其行为和受害人的损害没有因果关系。如果不能证明，就推定成立事实上的因果关系。环境污染责任采用因果关系推定的方法。

举证责任倒置是指法律规定的侵权案件中，由侵权人负责举证，证明与损害结果之间不存在因果关系或受害人有过错或者第三人有过错，如果不能就此举证证明，则推定受害人的主张成立的举证责任分配制度。

《中华人民共和国侵权责任法》第六十六条规定："因污染环境发生纠纷，污染者应当就法律规定的不承担责任或者减轻责任的情形及其行为与损害之间不存在因果关系承担举证责任。"

问：举证责任分配的举证责任倒置规则包括哪些内容？

答：举证责任倒置的主要内容是谁否认谁举证。

《最高人民法院关于民事诉讼证据的若干规定》第四条对举证责任倒置的侵权诉讼有具体规定：

"下列侵权诉讼，按照以下规定承担举证责任：

"（一）因新产品制造方法发明专利引起的专利侵权诉讼，由制造同样产品的单位或者个人对其产品制造方法不同于专利方法承担举证责任；

"（二）高度危险作业致人损害的侵权诉讼，由加害人就受害人故意造成损害的事实承担举证责任；

"（三）因环境污染引起的损害赔偿诉讼，由加害人就法律规定的免责事由及其行为与损害结果之间不存在因果关系承担举证责任；

"（四）建筑物或者其他设施以及建筑物上的搁置物、悬挂物发生倒塌、脱落、坠落致人损害的侵权诉讼，由所有人或者管理人对其无过错承担举证责任；

"（五）饲养动物致人损害的侵权诉讼，由动物饲养人或者管理人就受害人有过错或者第三人有过错承担举证责任；

"（六）因缺陷产品致人损害的侵权诉讼，由产品的生产者就法律规定的免责事由承担举证责任；

"（七）因共同危险行为致人损害的侵权诉讼，由实施危险行为的人就其行为与损害结果之间不存在因果关系承担举证责任；

"（八）因医疗行为引起的侵权诉讼，由医疗机构就医疗行为与损害结果之间不存在因果关系及不存在医疗过错承担举证责任。

"有关法律对侵权诉讼的举证责任有特殊规定的，从其规定。"

问：举证责任分配的举证责任免除规则包括哪些内容？

答：举证责任的免除是指在民事诉讼中，当事人一方提出诉讼主张及事实理由，一方当事人予以认可或者人民法院认为当事人不需要其提供证据加以证明而免除其负担的举证责任。

《最高人民法院关于民事诉讼证据的若干规定》第八条："诉讼过程中，一方当事人对另一方当事人陈述的案件事实明确表示承认的，另一方当事人无需举证。但涉及身份关系的案件除外。对一方当事人陈述的事实，另一方当事人既未表示承认也未否认，经审判人员充分说明并询问后，其仍不明确表示肯定或者否定的，视为对该项事实的承认。当事人委托代理人参加诉讼的，代理人的承认视为当事人的承认。但未经特别授权的代理人对事实的承认直接导致承认对方诉讼请求的除外；当事人在场但对其代理人的承认不作否认表示的，视为当事人的承认。当事人在法庭辩论终结前撤回承认并经对方当事人同意，或者有充分证据证明其承认行为是在受胁迫或者重大误解情况下作出且与事实不符的，不能免除对方当事人的举证责任。"

《最高人民法院关于民事诉讼证据的若干规定》第九条："下列事实，当事人无需举证证明：

"（一）众所周知的事实；

"（二）自然规律及定理；

"（三）根据法律规定或者已知事实和日常生活经验法则，能推定出的另一事实；

"（四）已为人民法院发生法律效力的裁判所确认的事实；

"（五）已为仲裁机构的生效裁决所确认的事实；

"（六）已为有效公证文书所证明的事实。

"前款（一）（三）（四）（五）（六）项，当事人有相反证据足以推翻的除外。"

问：什么是无过错责任原则？

答：无过错责任原则也叫无过失责任原则，是指在法律有特别规定时，不考虑行为人是否有主观过错，都要对给他人造成的损害承担赔偿责任。也就是说，在法律有特别规定时，即便行为人没有过错造成了他人损害，依据法律规定行为人也应当承担民事责任。环境污染责任的归责原则适用无过错责任原则，《中华人民共和国侵权责任法》规定，"因污染环境造成损害的，污染者应当承担侵权责任。"

（二）法院裁判的理由

法院判决被告败诉，承担赔偿责任的理由有两点：一是根据无过错责任的规定；二是依据因果关系推定、免责事由的规定。

首先，依照《中华人民共和国侵权责任法》的规定，环境污染责任的归责原则适用无过错责任原则。牧业公司是空气环境的污染者，即便排放的空气达标，没有过错，依照无过错责任原则，也应当向原告承担赔偿责任。

其次，依据因果关系推定、免责事由的规定，被告不能提供相关证据。

牧业公司在养殖奶牛过程中产生大量的恶臭气体，造成周围的空气污染是客观存在的事实。与之相邻的陈某经营的农庄受空气污染导致客人稀少被迫停业，造成了损害事实。

根据《最高人民法院关于民事诉讼证据的若干规定》第四条第一款第（三）项的规定，"因环境污染引起的损害赔偿诉讼，由加害人就法律规定的免责事由及其行为与损害结果之间不存在因果关系承担举证责任。"牧业公司应当就其行为与陈某的农庄停业遭受损失的事实之间不存在因果关系提供证据，但牧业公司未能提供相关证据，相反李某则提供了损害事实的证据，且损害结果客观存在，故牧业公司应当承担因空气污染行为致人财产损害的民事责任。

（三）法院裁判的法律依据

《最高人民法院关于民事诉讼证据的若干规定》：

第四条第一款第（三）项　下列侵权诉讼，按照以下规定承担举证责任：

（三）因环境污染引起的损害赔偿诉讼，由加害人就法律规定的免责事由及其行为与损害结果之间不存在因果关系承担举证责任。

《中华人民共和国侵权责任法》：

第六十五条　因污染环境造成损害的，污染者应当承担侵权责任。

第六十六条　因污染环境发生纠纷，污染者应当就法律规定的不承担责任或者减轻责任的情形及其行为与损害之间不存在因果关系承担举证责任。

《中华人民共和国民事诉讼法》：

第一百七十条第一款第（一）项　第二审人民法院对上诉案件，经过审理，按照下列情形，分别处理：

（一）原判决、裁定认定事实清楚，适用法律正确的，以判决、裁定方式驳回上诉，维持原判决、裁定。

（四）上述案例的启示

在上述案例中，牧业公司认为，排放的废气符合环境标准就不需承担民事赔偿责任。这种看法缺少法律依据。

如前所述，环境污染侵权责任适用无过错责任原则，是指在法律有特别规定时，不考虑行为人是否有主观过错，都要对给他人造成的损害承担赔偿责任。也就是说，在法律有特别规定时，即便行为人没有过错造成了他人损害，依据法律规定行为人也应当承担民事责任。

牧业公司是空气环境的污染者，即便排放的空气达标，没有过错，依照无过错责任原则，也应当对陈某承担赔偿责任。

《最高人民法院关于审理环境侵权责任纠纷案件适用法律若干问题的解释》第一条规定："因污染环境造成损害，不论污染者有无过错，污染者应当承担侵权责任。污染者以排污符合国家或者地方污染物排放标准为由主张不承担责任的，人民法院不予支持。"

排污达标或缴纳了排污费，只是免于承担行政责任，对造成的损害后果仍然要承担民事赔偿责任。排污企业应当从中吸取教训，对合法达标的排污也应加强管理，避免造成污染损害，承担侵权责任。

案例四　樱桃园樱桃绝产，隔壁公司得赔钱

一、引子和案例

（一）案例简介

空气污染不仅危害人体健康，也会影响植物的健康生长，下面的案例就是明证。

1995 年，曲某承包了 114.05 亩土地种植樱桃，当时周围没有其他生产企业。2001 年，A 公司分公司搬迁，新建的厂房车间离樱桃园仅一墙之隔，成了曲某樱桃园的近邻。A 公司分公司每天进行铝板、铝带、铝箔制品的生产及深加工。

A 公司分公司系 A 公司于 1998 年 8 月成立的非法人分支机构，2004 年因未参加年检，被工商行政管理局吊销营业执照。

2009 年 4 月 23 日，曲某向烟台市中级人民法院提起诉讼，诉称 2001 年以来 A 公司分公司在樱桃园以南建厂生产，每天排放大量含氟化物的有毒工业废气，导致本应从 2004 年进入盛果期的樱桃基本绝产，部分树木死亡。曲某要求判令 A 公司及其分公司停止排放废气，赔偿损失 5,016,192.7 元。

（二）裁判结果

烟台市中级人民法院判决：1. A 公司分公司于判决生效之日起停止排放氟化物；2. A 公司分公司于判决生效后十日内赔偿曲某损失1,843,342 元；3. A 公司对上述赔偿承担连带责任。

曲某和 A 公司均不服判决，向山东省高级人民法院提起上诉。

2014 年 4 月 10 日，山东省高级人民法院作出民事判决：1. 变更一审民事判决第二项为：A 公司分公司自接到本判决书之日起十日内赔偿曲某损失 2,242,517 元；2. 维持一审其他判决内容。

A 公司不服二审判决，向最高人民法院申请再审。A 公司申请再审称：1. 一、二审判决认定污染成立缺乏证据证明；2. 一、二审法院认定经济损失缺乏证据证明；3. 一、二审判决超出了当事人的诉讼请求；4. 一、二审法院对 A 公司提交的证据不予采信，有违证据规则；5. 一、二审法院已认定樱桃减产与曲某管理不善和自然灾害有关，仍判决 A 公司承担 70% 的责任，显失公平。

2015 年 6 月 26 日，最高人民法院作出民事裁定，驳回 A 公司的再审申请。

与案例相关的问题：

氟化物对植物有哪些危害？

什么是再审程序？

什么是申请再审？申请再审有哪些条件？

民事案件申请再审的主体包括哪些？

民事案件申请再审的对象包括哪些？

民事案件申请再审必须符合哪些法定的事实和理由？

民事案件申请再审必须在多长的法定期限内提出？

民事案件申请再审应向哪一级人民法院提出？

民事案件申请再审应当提交哪些必要的材料？

再审申请书应当记明哪些事项？

二、相关知识

问：氟化物对植物有哪些危害？

答：氟化物是指含负价氟的有机或无机化合物，包括氟化氢、金属氟化物、非金属氟化物以及氟化铵等，有时也包括有机氟化物。

氟化物对植物的机体代谢等都有危害。被植物体吸收的氟直接侵蚀植物敏感组织，造成酸损伤，影响糖代谢和蛋白质合成，阻碍植物的光合作用和呼吸功能。植物受氟害的典型症状是叶尖和叶缘坏死，并向全叶和茎部发展。嫩叶最易受氟危害，氟化物对花粉管伸长有抑制作用，影响植物的生长发育。

水稻和小麦在扬花授粉期受氟污染，会造成籽粒干瘪、产量下降。桃、杏树受氟污染，会导致果实过早成熟或软化，减产甚至不结果。

三、与案件相关的法律问题

（一）学理知识

问：什么是再审程序？

答：审判监督程序又称"再审程序"，是指对已发生法律效力的判决、裁定、调解书，法院认为确有错误，对案件再行审理的诉讼程序。提起再审的权利依据有审判监督权、检察监督权和当事人等的诉权。审判监督程序分两个阶段，即再审的提起阶段和再审的审理阶段。提起再审的主体不同，条件和程序的要求也不同。当事人对已生效裁判，认为确有错误，可以向有关机关申诉，但不能停止裁判的执行；各级人民法院院长对本院已生效裁判，发现确有错误，有权提交审判委员会处理；最高人民法院对各级人民法院、上级人民法院对下级人民法院已生效裁判，发现确有错误，有权提审或指令下级人民法院再审；最高人民检察院对各级人民法院已生效的刑事裁判、行政裁判，发现确有错误，有权依审判监督程序提出抗诉；地方各级人民检察院发现同级或上级人民法院已生效裁判确有错误，可报请上级人民检察院抗诉。

本案中 A 公司不服二审判决，向最高人民法院申请再审，是基于诉讼权利提起的。

问：什么是申请再审？申请再审有哪些条件？

答：申请再审是当事人和特定案外人，认为已经发生法律效力的民事判决、裁定、调解书有错误，向法院提出再审申请。

《中华人民共和国民事诉讼法》规定，当事人对已经发生法律效力的判决、裁定，认为有错误的，可以向上一级人民法院申请再审；当事人一方人数众多或者当事人双方为公民的案件，也可以向原审人民法院申请再审。当事人申请再审的，不停止判决、裁定的执行。

申请再审的条件是：主体必须合法；对象是发生法律效力的判决裁定和调解书；必须符合法定的事实和理由；在法定的期限内提出；须向有管辖权的法院提出；应当提交必要的材料。

问：民事案件申请再审的主体包括哪些？

答：申请再审的主体必须合法，是当事人和特定案外人。民事诉讼当事人包括原告、被告、共同诉讼人、第三人、诉讼代表人。

在本案中，曲某是原审的原告，A 公司是原审的被告，曲某和 A 公司作为申请再审的主体合法吗？

有权提出申请再审的只能是原审中的当事人，即原审中的原告、被告、有独立请求权的第三人和判决其承担义务的无独立请求权的第三人，以及上诉人和被上诉人。

当事人死亡或者终止的，其权利义务承继者可以根据《中华人民共和国民事诉讼法》第一百九十九条、第二百零一条的规定申请再审。

判决、调解书生效后，当事人将判决、调解书确认的债权转让，债权受让人对该判决、调解书不服申请再审的，人民法院不予受理。

曲某是原审的原告，A公司是原审的被告，作为申请再审的主体是合法的。除了当事人有权提出再审申请外，符合条件的案外人也有权提出。

案外人是指当事人之外的、对诉讼标的或执行标的有直接利害关系、享有诉权的人。案外人提出再审申请要注意下列问题：

必须共同进行诉讼的当事人因不能归责于本人或者其诉讼代理人的事由未参加诉讼的，可以根据《中华人民共和国民事诉讼法》第二百条第（八）项规定，自知道或者应当知道之日起六个月内申请再审，但符合《最高人民法院关于适用〈中华人民共和国民事诉讼法〉的解释》第四百二十三条规定情形的除外。

《最高人民法院关于适用〈中华人民共和国民事诉讼法〉的解释》第四百二十三条："根据民事诉讼法第二百二十七条规定，案外人对驳回其执行异议的裁定不服，认为原判决、裁定、调解书内容错误损害其民事权益的，可以自执行异议裁定送达之日起六个月内，向作出原判决、裁定、调解书的人民法院申请再审。"

问：民事案件申请再审的对象包括哪些？

答：申请再审的对象是发生法律效力的判决、裁定和调解书。比如，当事人对已经发生法律效力的调解书，提出证据证明调解违反自愿原则或者调解协议的内容违反法律的，可以申请再审。经人民法院审查属实的，应当再审。

但不是所有发生法律效力的判决、裁定或调解书都可以申请再审，因此，要注意下面一些情况：

第一，判决、调解书生效后，当事人将判决、调解书确认的债权转让，债权受让人对该判决、调解书不服而申请再审的，人民法院不予受理；

第二，当事人对已经发生法律效力的解除婚姻关系的判决、调解书，不得申请再审；

第三，当事人就离婚案件中的财产分割问题申请再审，如涉及判决中已分割的财产，人民法院应当依照《中华人民共和国民事诉讼法》第二百条的规定进行审查，符合再审条件的，应当裁定再审；如涉及判决中未作处理的夫妻共同财产，应当告知当事人另行起诉；

第四，当事人申请再审，有下列情形之一的，人民法院不予受理：

（一）再审申请被驳回后再次提出申请的；

（二）对再审判决、裁定提出申请的；

（三）在人民检察院对当事人的申请作出不予提出再审检察建议或者抗诉决定后又提出申请的。

前款第（一）项、第（二）项规定情形，人民法院应当告知当事人可以向人民检察院申请再审检察建议或者抗诉，但因人民检察院提出再审检察建议或者抗诉而再审作出的判决、裁定除外；

第五，对小额诉讼案件的判决、裁定，当事人以《中华人民共和国民事诉讼法》第二百条规定的事由向原审人民法院申请再审的，人民法院应当受理。申请再审事由成立的，应当裁定再审，组成合议庭进行审理。作出的再审判决、裁定，当事人不得上诉。

当事人以不应按小额诉讼案件审理为由向原审人民法院申请再审的，人民法院应当受理。理由成立的，应当裁定再审，组成合议庭审理。作出的再审判决、裁定，当事人可以上诉。

问：民事案件申请再审必须符合哪些法定的事实和理由？

答：符合下列情形之一的，是民事案件申请再审的法定事实和理由：

（一）有新的证据，足以推翻原判决、裁定的；

（二）原判决、裁定认定的基本事实缺乏证据证明的；

（三）原判决、裁定认定事实的主要证据是伪造的；

（四）原判决、裁定认定事实的主要证据未经质证的；

（五）对审理案件需要的主要证据，当事人因客观原因不能自行收集，书面申请人民法院调查收集，人民法院未调查收集的；

（六）原判决、裁定适用法律确有错误的；

（七）审判组织的组成不合法或者依法应当回避的审判人员没有回避的；

（八）无诉讼行为能力人未经法定代理人代为诉讼或者应当参加诉讼的当事人，因不能归责于本人或者其诉讼代理人的事由，未参加诉讼的；

（九）违反法律规定，剥夺当事人辩论权利的；

（十）未经传票传唤，缺席判决的；

（十一）原判决、裁定遗漏或者超出诉讼请求的；

（十二）据以作出原判决、裁定的法律文书被撤销或者变更的；

（十三）审判人员审理该案件时有贪污受贿，徇私舞弊，枉法裁判行为的。

问：民事案件申请再审必须在多长的法定期限内提出？

答：当事人申请再审，应当在判决、裁定发生法律效力后六个月内提出。如果有新的证据，足以推翻原判决、裁定的，或原判决、裁定认定事实的主要证据是伪造的，或据以作出原判决、裁定的法律文书被撤销或者变更的，或审判人员审理该案件时有贪污受贿，徇私舞弊，枉法裁判行为的，自知道或者应当知道之日起六个月内提出。

当事人对已经发生法律效力的调解书申请再审，应当在调解书发生法律效力后六个月内提出。

六个月为不变期间，不适用诉讼时效中止、中断、延长的规定。

问：民事案件申请再审应向哪一级人民法院提出？

答：当事人对已经发生法律效力的判决、裁定，认为有错误的，可以向上一级人民法院申请再审；当事人一方人数众多或者当事人双方为公民的案件，也可以向原审人民法院申请再审。当事人申请再审的，不停止判决、裁定的执行。

当事人一方人数众多或者当事人双方为公民的案件，当事人分别向原审人民法院和上一级人民法院申请再审且不能协商一致的，由原审人民法院受理。

问：民事案件申请再审应当提交哪些必要的材料？

答：当事人申请再审，应当提交下列材料：

1. 再审申请书，并按照被申请人和原审其他当事人的人数提交副本；

2. 再审申请人是自然人的，应当提交身份证明；再审申请人是法人或者其他组织的，应当提交营业执照、组织机构代码证书、法定代表人或者主要负责人身份证明书。委托他人代为申请的，应当提交授权委托书和代理人身份证明或与原件核对无异的复印件；

3. 原审判决书、裁定书、调解书或与原件核对无异的复印件；

4. 反映案件基本事实的主要证据及其他材料或与原件核对无异的复印件。

问：再审申请书应当记明哪些事项？

答：再审申请书应当记明的事项有：

1. 再审申请人与被申请人及原审其他当事人的基本信息；

2. 原审人民法院的名称，原审裁判文书案号；

3. 具体的再审请求；

4. 申请再审的法定情形及具体事实、理由。

再审申请书应当明确申请再审的人民法院，并由再审申请人签名、捺印或者盖章。

（二）法院裁判的理由

A 公司不服山东省高级人民法院的判决，向最高人民法院申请再审。最高人民法院作出民事裁定，驳回 A 公司的再审申请。

最高人民法院驳回 A 公司再审申请的理由主要是，曲某的证据相互印证，足以证明曲某就 A 公司的排污行为与案涉樱桃园的损害之间具有关联性问题完成了举证责任。

法院审查认为，曲某作为被侵权人，提交了公证处所作的勘验记录，其中载明，在承包地内闻到空气中有异味，南地块邻近厂房方位异味严重，承包地内可以看见厂房内有烟气排出。A 公司厂房与案涉承包地仅一墙之隔，周围再无其他生产性企业。且科普资料显示，铝厂在生产过程中会产生氟化物、硫化物、一氧化碳等有毒物质。

勘验记录中同时载明，曲某承包地所栽植樱桃普遍存在叶片枯尖或焦边现象，部分树已枯死，大部分树基本没有结果，结果的树所结果实果形较小且有畸形现象，距离厂房近的树比距离远的树受损严重。曲某提交的省农业科学院中心实验室出具的鉴定报告，均能证明案涉樱桃树叶中含氟量超标。

上述证据足以证明 A 公司具有排污行为，曲某的樱桃园受到损害。曲某就 A 公司的排污行为与案涉樱桃园的损害之间具有关联性问题完成了举证责任。而 A 公司没有完成法律规定的相应的举证责任。基于上述理由，最高人民法院作出民事裁定，驳回 A 公司的再审申请。

（三）法院裁判的法律依据

《中华人民共和国环境保护法》：

第六十四条 因污染环境和破坏生态造成损害的，应当依照《侵权责任法》的有关规定承担侵权责任。

《中华人民共和国侵权责任法》：

第六十五条 因污染环境造成损害的，污染者应当承担侵权责任。

第六十六条 因污染环境发生纠纷，污染者应当就法律规定的不承担责任或者减轻责任的情形及其行为与损害之间不存在因果关系承担举证责任。

第十九条 侵害他人财产的，财产损失按照损失发生时的市场价格或者其他方式计算。

第二十条 侵害他人人身权益造成财产损失的，按照被侵权人因此受到的损失赔偿；被侵权人的损失难以确定，侵权人因此获得利益的，按照其获得的利益赔偿；侵权人因此获得的利益难以确定，被侵权人和侵权人就赔偿数额协商不一致，向人民法院提起诉讼的，由人民法院根据实际情况确定赔偿数额。

（四）上述案例的启示

作为环境污染责任被告，假如没有证据证明其行为与损害之间不存在因果关系，但若能提供免责事由的证据，同样不会承担赔偿责任。

所谓免责事由是指行为人虽然在客观上造成了环境污染危害，但由于存在法律规定的不承担责任的理由，行为人可以不承担民事责任的情况。

环境污染责任免责事由主要有两项：不可抗力和受害人自身的过错。只要具备法律规定的免责事由，行为人就可以免予承担环境侵权的民事责任。

《中华人民共和国侵权责任法》第六十六条规定："因污染环境发生纠纷，污染者应当就法律规定的不承担责任或者减轻责任的情形及其行为与损害之间不存在因果关系承担举证责任。"

《最高人民法院关于审理环境侵权责任纠纷案件适用法律若干问题的解释》第一条第二款规定:"污染者不承担责任或者减轻责任的情形,适用海洋环境保护法、水污染防治法、大气污染防治法等环境保护单行法的规定;相关环境保护单行法没有规定的,适用侵权责任法的规定。"

1. 不可抗力

不可抗力是指人力所不能抗拒的力量,包括某些自然现象及社会现象。关于不可抗力的免责问题,《中华人民共和国环境保护法》第六十四条规定:"因污染环境和破坏生态造成损害的,应当依照《侵权责任法》的有关规定承担侵权责任。"

《中华人民共和国侵权责任法》第二十九条规定:"因不可抗力造成他人损害的,不承担责任。法律另有规定的,依照其规定。"

《中华人民共和国水污染防治法》第九十六条第二款规定:"由于不可抗力造成水污染损害的,排污方不承担赔偿责任;法律另有规定的除外。"

2. 受害人过错

受害人过错指环境侵权损害的发生或扩大是由于受害人主观上的过错心态,其对自身财产和利益安全未尽到注意义务,包括过错和过失。

《中华人民共和国侵权责任法》第二十七条规定:"损害是因受害人故意造成的,行为人不承担责任。"

《中华人民共和国水污染防治法》第九十六条第三款规定,"水污染损害是由受害人故意造成的,排污方不承担赔偿责任。水污染损害是由受害人重大过失造成的,可以减轻排污方的赔偿责任。"

在这里要强调第三人过错不是环境污染责任的免责事由。第三人过错是指除行为人及受害人之外的第三人对受害人受到的损害具有过错。《中华人民共和国侵权责任法》第六十八条规定："因第三人的过错污染环境造成损害的，被侵权人可以向污染者请求赔偿，也可以向第三人请求赔偿。污染者赔偿后，有权向第三人追偿。"

《最高人民法院关于审理环境侵权责任纠纷案件适用法律若干问题的解释》第五条第三款规定："污染者以第三人的过错污染环境造成损害为由主张不承担责任或者减轻责任的，人民法院不予支持。"

案例五 化工企业有污染，环保组织来起诉

一、引子和案例

（一）案例简介

环保组织也可以对大气污染行为提起公益诉讼。

A 公司是一家以石油化工为主导产业的大型企业，在长期的生产运营中，一直存在大气污染物超标排放、不正常使用大气污染物处理设施、在线监测设备未验收、环保数据弄虚作假等行为。

2016 年 10 月，北京某环保组织接到群众举报后，派工作人员前往了解情况。经调查，A 公司的生产行为已经严重影响了当地的大气环境。于是，在法律团队的支持下，该环保组织向人民法院提起公益诉讼，将 A 公司告上了法庭，诉请人民法院判令被告停止超标排污，消除所有不遵守环境保护法律法规行为对大气环境造成的危险，判令被告支付 2014 年 1 月 1 日起至被告停止侵害、消除危险期间所产生的大气环境治理费用，具体数额以专家意见或者鉴定结论为准。

在法院审理本案期间，负责审理此次案件的法官多次带领自己的审判团队前往 A 公司座谈，了解情况。在此期间，A 公司面对污染环境问题开始纠正违法行为，努力实现达标排放，监测设备全部运行并

通过了当地环境保护局的验收。

（二）裁判结果

法院在看到了 A 公司的转变之后，认为调解将会是本案最合适的处理方式。后经人民法院主持调解，签订了调解协议。A 公司自愿承担支付生态环境治理费 300 万元以及本案产生的其他所有诉讼费用，该案调解书经双方当事人签收后，现已发生法律效力。

与案例相关的问题：

什么是化工废气？

化工废气有哪些危害？

什么是环境公益诉讼？提起环境公益诉讼的法律依据是什么？

原告在提起公益诉讼时，应当准备哪些起诉材料？

什么是法院调解？怎么适用？

哪些法院有环境公益诉讼的管辖权？

什么是住所地、经常居住地和居住地？

大气污染行为可以引起怎样的民事法律关系？

大气污染的归责原则是什么？

什么是免责事由？大气污染侵权案件中，被告有哪些免责事由？

二、相关知识

问：什么是化工废气？

答：化工废气是指在化工生产中排出的有毒有害气体，主要包括炼油厂和石化厂的加热炉和锅炉燃烧排放的废气；生产装置产生的不凝气、弛放气和反应中产生的副产品等过剩气体；轻质油品、挥发性化学药品和溶剂在贮运过程中挥发、泄漏的气体；废水和废弃物在处理和运输过程中散发的恶臭和有毒气体；石化工厂再生产原料和产品的运输过程中挥发和泄漏的废气。

问：化工废气有哪些危害？

答：1. 危害人的身体健康。主要表现为呼吸道疾病与生理功能障碍，以及眼鼻内黏膜组织会因受到刺激而病变。

2. 对植物造成危害。化工废气中的二氧化硫、氟化物等对植物的危害十分严重，可以使植物叶表面产生伤斑，或者直接使叶枯萎脱落；或者对植物产生慢性危害，造成植物产量下降，品质变坏。

3. 对天气和气候产生不良影响。化工废气对天气和气候的影响主要表现在减少到达地面的太阳辐射量、增加大气降水量、造成酸雨、增高大气温度，即"热岛效应"等。

三、与案件相关的法律问题

（一）学理知识

问：什么是环境公益诉讼？提起环境公益诉讼的法律依据是什么？

答：环境公益诉讼即有关环境保护方面的公益性诉讼，是指由于自然人、法人或其他组织的违法行为或不作为，使环境公共利益遭受侵害或即将遭受侵害时，法律允许其他的法人、自然人或社会团体，为维护公共利益而向人民法院提起的诉讼。

《中华人民共和国民事诉讼法》第五十五条规定："对环境污染、侵害消费者合法权益等损害社会公共利益的行为，法律规定的机关和组织可以向人民法院提起诉讼。"

根据法律规定，环境公益诉讼只适用于一种环境污染案件，即损害社会公共利益或者具有损害社会公共利益重大风险的污染案件，这也是环境公益诉讼区别于普通民事侵权诉讼的本质特点之一。

对于提起环境公益诉讼的原告主体资格，法律也作了规定，即"法律规定的机关和组织"，也就是说，公民个人不能成为民事公益诉讼的原告，依法在设区的市级以上人民政府民政部门登记的社会组织，以及专门从事环境保护工作连续五年且没有违法记录的社会组织，可以向人民法院提起环境公益诉讼。

问：原告在提起公益诉讼时，应当准备哪些起诉材料？

答：提起公益诉讼时，应当准备的起诉材料有：

1. 符合法律规定的起诉状，并且按照被告人数提出副本；

2. 被告的行为已经损害社会公共利益或者具有损害公共利益重大风险的初步证明材料；

3. 社会组织提起诉讼的，应当提交社会组织登记证书、章程、起诉前连续五年的工作报告书或者年检报告书，以及由其法定代表人或负责人签字并加盖公章的无违法记录的声明。

问：什么是法院调解？怎么适用？

答：法院调解原则是民事诉讼法的基本原则之一，法律规定，人民法院审理民事案件，应当根据资源和合法的原则进行调解，调解不成的，应当及时作出判决。环境公益诉讼属于特殊的民事诉讼，当然也能适用法院调解。

在适用调解时，必须当事人自愿，当事人一方或者双方坚持不愿调解的，法院应当及时作出判决。调解不成，不应久调不决，应及时判决。公益诉讼当事人达成调解协议后，法院应当将协议内容公告，公告时间不得少于三十日。期间届满，法院经过审查认为内容不损害社会公共利益的，应当出具调解书，反之，则不出具调解书，继续审理并作出裁判。

问：哪些法院有环境公益诉讼的管辖权？

答：民事诉讼管辖是确定上下级人民法院之间（级别管辖）和同级人民法院之间（地域管辖）受理第一审民事案件的分工和权限。

第一审环境公益诉讼案件由污染发生地、破坏生态行为发生地、损害结果地或者被告住所地的中级以上人民法院管辖。

问：什么是住所地、经常居住地和居住地？

答：住所地就是公民户籍所在地。经常居住地就是公民离开住所地至起诉时已经连续居住满一年以上的地方，就医不算。居住地是一种事实状态，居住地不一定与住所地或者经常居住地重合。

问：大气污染行为可以引起怎样的民事法律关系？

答：所谓"民事法律关系"是指当事人之间形成的，由民事法律所调整、规范的权利义务关系。民事法律关系是研究民法的起点。

根据《中华人民共和国环境保护法》第四十二条的规定，大气污染是一种典型的环境污染现象。根据《中华人民共和国环境保护法》第六十四条的规定，其民事责任亦由《中华人民共和国侵权责任法》所规范、调整。《中华人民共和国侵权责任法》第八章专门规定了环境污染责任的具体侵权行为类型，因此，大气污染行为是一种典型的环境污染行为，因该行为可产生债之法律关系（债权债务关系）。

问：大气污染的归责原则是什么？

答："归责"一词是指依据某种事实状态确定责任的归属。而所谓归责原则就是确定责任归属所必须依据的法律准则。侵权行为的归责原则是《中华人民共和国侵权责任法》的核心，它决定着侵权行为的分类、构成要件、举证责任的负担、免责事由等重要内容。它既是认定侵权构成、处理侵权纠纷的基本依据，也是指导侵权损害赔偿的准则。

根据成立侵权责任时，是否需要考虑行为人的"主观过错"，可以将侵权责任的归责原则分为过错责任和无过错责任两种。根据《中华人民共和国侵权责任法》的规定，环境污染侵权责任，采取无过错责任的归责原则，同时根据《中华人民共和国环境保护法》对环境污染范围的定性，大气污染自然包括在内。故大气污染行为人只要有污染大气的行为，并且该行为和受害人损害间存在因果关系，侵权行为即成立。

问：什么是免责事由？大气污染侵权案件中，被告有哪些免责事由？

答：所谓免责事由是指行为人虽然在客观上造成了环境污染危害，但是由于存在不可归责的理由，法律规定可以不承担民事责任的情况。从《中华人民共和国环境保护法》和其他环境保护单行法的规定看，免责事由包括不可抗力和受害人自身的过错。只要具备上述条件之一，致害人就可以免予承担环境侵权的民事责任。

（二）法院裁判的理由

本案由法院调解结案。以石油化工为主导产业的 A 公司，因其存在大气污染物超标排放、不正常使用大气污染物处理设施、在线监测设备未验收、环保数据弄虚作假等行为而付出了代价。

环保组织经过调查，了解到 A 公司的行为已经严重影响了当地的大气环境，故在掌握相关证据的基础上，向法院提起了公益诉讼，诉请法院判令被告停止超标排污，消除所有不遵守环境保护法律法规行为对大气环境造成的危险，判令被告支付大气环境治理费用。

负责审理案件的法官多次前往 A 公司调查了解情况。A 公司很快纠正违法行为、实现达标排放。

基于上述原因，经法院主持调解，双方签订了调解协议，圆满解决纠纷。

（三）法院裁判的法律依据

《中华人民共和国民事诉讼法》：

第五十五条　对污染环境、侵害众多消费者合法权益等损害社会公共利益的行为，法律规定的机关和有关组织可以向人民法院提起诉讼。

第九十三条　人民法院审理民事案件，根据当事人自愿的原则，在事实清楚的基础上，分清是非，进行调解。

《中华人民共和国环境保护法》：

第五十八条　对污染环境、破坏生态，损害社会公共利益的行为，符合下列条件的社会组织可以向人民法院提起诉讼：

（一）依法在设区的市级以上人民政府民政部门登记；

（二）专门从事环境保护公益活动连续五年以上且无违法记录。

符合前款规定的社会组织向人民法院提起诉讼，人民法院应当依法受理。

提起诉讼的社会组织不得通过诉讼牟取经济利益。

《最高人民法院关于审理环境民事公益诉讼案件适用法律若干问题的解释》：

第八条　提起环境民事公益诉讼应当提交下列材料：

（一）符合民事诉讼法第一百二十一条规定的起诉状，并按照被告人数提出副本；

（二）被告的行为已经损害社会公共利益或者具有损害社会公共利益重大风险的初步证明材料；

（三）社会组织提起诉讼的，应当提交社会组织登记证书、章程、起诉前连续五年的年度工作报告书或者年检报告书，以及由其法定代表人或者负责人签字并加盖公章的无违法记录的声明。

（四）上述案例的启示

作为污染者的被告，可以从程序法或实体法的角度采取一些救济措施，维护自己的合法权益。比如，提出管辖异议，质疑原告提起诉讼的主体资格，准备相关证据反驳原告，准备一些法律规定的不承担责任或者减轻责任的情形及其行为与损害之间不存在因果关系的证据。

管辖权异议是指当事人认为受诉法院对案件没有管辖权时，向受诉法院提出的不服管辖的意见或主张。

《中华人民共和国民事诉讼法》第一百二十七条规定："人民法院受理案件后，当事人对管辖权有异议的，应当在提交答辩状期间提出。人民法院对当事人提出的异议，应当审查。异议成立的，裁定将案件移送有管辖权的人民法院；异议不成立的，裁定驳回。当事人未提出管辖异议，并应诉答辩的，视为受诉人民法院有管辖权，但违反级别管辖和专属管辖规定的除外。"

被告还可提出该公益组织不具有环境公益诉讼的原告主体资格的主张，从而要求法院驳回原告的诉讼请求。因为我国法律对于环境公益诉讼的原告主体资格有明确规定，如果被告有证据证明原告不具有法律规定的资格，并以此要求法院驳回原告的诉讼请求，法院应当支持。

第二部分　行政篇

案例一　项目信息不公开，政府部门被起诉

一、引子和案例

（一）案例简介

有些政府信息和我们的生活密切相关，如果想了解可以通过申请的方式获得。

2013 年 7 月 1 日，某省环境保护厅在批复某县供排水公司呈报的《某街镇生活垃圾处理工程环境影响报告书》时，抄送某县环保局《某省环境保护厅关于某县某街镇生活垃圾处理工程环境报告书的批复》文件一份，该批复中载明同意按照该项目环境影响报告书中所述的地点、性质、建设规模和环境保护对策措施进行项目建设，并要求报批单位积极配合某县环保局，加强地下水的监督性监测，报批单位每年报送年度总结报告，并抄送某县环保局。

2016 年 4 月 26 日，罗某等 6 人向某县环境保护局提交了《环境污染举报书》。

2016 年 4 月 29 日，某县环保局作出《某县环境保护局关于对"环境污染举报书"信访件办理情况的回复》，并告知罗某等 6 人，请到县环境保护局查阅相关资料，包括：《某街镇生活垃圾处理工程环境影响

报告书》《关于某街镇生活垃圾处理工程环境影响报告书的技术评估意见》《某省环境保护厅关于某县某街镇生活垃圾处理工程环境影响报告书的批复》，同时也可以登录某省环境保护厅保护行动网站，查阅环评批复过程中的公示。

2016 年 5 月 13 日，罗某等 6 人向某县环境保护局以特快专递的形式邮寄了政府信息公开的申请，要求公开：1. 某街镇生活垃圾处理项目的环境影响评价相关信息公示的时间、地点、公开的方式及次数；2. 该项目公众参与调查问卷资料；3.《某街镇生活垃圾处理工程环境影响报告书》《关于某街镇生活垃圾处理工程环境影响报告书的技术评估意见》《某省环境保护厅关于某县某街镇生活垃圾处理工程环境影响报告书的批复》资料。

2016 年 10 月 13 日，罗某等 6 人以某县环保局未履行政府信息公开的法定职责，存在拒绝公开政府信息的行政违法行为为由，诉至法院。

（二）裁判结果

一审法院判决：1. 确认某县环境保护局对罗某等 6 人提出政府信息公开申请不履行答复法定职责的行为违法；2. 驳回罗某等 6 人要求某区环保局县环境保护局履行公开政府信息的诉讼请求。

一审宣判后，罗某等 6 人上诉，请求：1. 维持行政判决书的第一项判决内容；2. 依法改判行政判决书第二项判决内容，改判某县环境保护局履行政府信息公开之法定职责，对上诉人申请的政府信息公开事项依法予以公开。

二审法院支持了罗某等 6 人的请求，上诉人胜诉，某县环境保护局败诉。

与案例相关的问题：

生活垃圾有哪些？

生活垃圾可能造成哪些污染？

什么是政府信息公开？

哪些政府信息应当主动公开？

哪些政府信息不应当公开？哪些政府信息可以申请公开？

针对政府信息公开工作中的哪些具体行政行为提起的诉讼，法院应当受理？

公民、法人或者其他组织对哪些行为不服提起行政诉讼，法院不予受理？

二、相关知识

问：生活垃圾有哪些？

答：生活垃圾是指人们在日常生活中或者为日常生活提供服务的活动中产生的固体废物，以及法律、行政法规规定视为生活垃圾的固体废物。生活垃圾一般可分为四大类：可回收垃圾、厨余垃圾、有害垃圾和其他垃圾。

1. 可回收垃圾是指经过回收加工能再利用的垃圾，主要包括纸类、玻璃类、金属类、布料类垃圾，等等。

2. 厨余垃圾是指居民日常生活及食品加工、饮食服务、单位供餐等活动中产生的垃圾，主要包括剩菜剩饭、骨头、菜根菜叶等食品类废物。

3. 有害垃圾是指对人体健康、生态环境等造成危害或潜在危害的垃圾，包括有害的重金属、有毒的物质或者对环境造成现实危害或者潜在危害的废弃物，如废电池、废荧光灯管、废灯泡、废水银温度计、废油漆桶、废家电类、过期药品、过期化妆品等。

4.其他垃圾指除上述几类垃圾之外的各种生活垃圾，如砖瓦、陶瓷、渣土、卫生间废纸等难以回收的废弃物。

问：生活垃圾可能造成哪些污染？

答：第一，污染地表水和地下水。生活垃圾中含有一定量的病原微生物，在堆放腐败过程中会产生高浓度的弱酸性渗滤液，从而会溶出垃圾中含有的重金属，包括汞、铅、镉等，形成有机物、重金属和病原微生物三位一体的污染源。这种污染源流入水体，会污染地表水和地下水，主要表现为水质混浊，有臭味，大肠菌群超标等。

第二，污染空气。生活垃圾中的粉尘和细小颗粒物会被风吹起，垃圾中的有机物由于微生物作用腐烂降解，会释放出大量有害气体，危害周围大气环境。焚烧生活垃圾会造成大量有害成分挥发以及二噁英等物质的释放，进入大气而造成污染。生活垃圾的卫生填埋也会产生大量的填埋气，填埋气的主要成分为甲烷和二氧化碳，具有很强的温室效应，其中还含有微量的硫化氢、氨气、硫醇和某些微量有机物等。

第三，污染土壤。堆放的生活垃圾，不仅侵占大量土地，而且其中的塑料袋、废金属、废玻璃等有毒物质会遗留在土壤中，难以降解，严重腐蚀土地，造成土壤污染，并有可能危害农业生态。

第四，危害人体健康。生活垃圾会通过空气污染、水污染等影响人体健康。如果生活垃圾遍布，污水横流，蚊蝇孳生，散发臭味，会成为各种病原微生物的孳生地和繁殖场，会影响周围环境卫生，污染空气，危害人体健康。再比如，垃圾对地下水的污染会导致地下水污染物含量超标，引发腹泻、血吸虫、沙眼等疾病。

三、与案件相关的法律问题

（一）学理知识

问：什么是政府信息公开？

答：政府信息公开是指行政机关在履行职责过程中制作或者获取的，以一定形式记录、保存的信息，除法律规定不予公开的事项外向社会公众和当事人公开。政府信息公开应当遵循公正、公平、便民的原则，及时、准确地公开政府信息。

问：哪些政府信息应当主动公开？

答：行政机关应当主动公开的政府信息包括：

1. 涉及公民、法人或者其他组织切身利益的；

2. 需要社会公众广泛知晓或者参与的；

3. 反映本行政机关机构设置、职能、办事程序等情况的；

4. 其他依照法律、法规和国家有关规定应当主动公开的。

问：哪些政府信息不应当公开？哪些政府信息可以申请公开？

答：行政机关不得公开涉及国家秘密、商业秘密、个人隐私的政府信息。但是，经权利人同意公开或者行政机关认为不公开可能对公共利益造成重大影响的涉及商业秘密、个人隐私的政府信息，可以予以公开。

除了行政机关主动公开的政府信息外，公民、法人或者其他组织还可以根据自身生产、生活、科研等特殊需要，向国务院部门、地方各级人民政府及县级以上地方人民政府部门申请获取相关政府信息。

问：针对政府信息公开工作中的哪些具体行政行为提起的诉讼，法院应当受理？

答：对下列具体行政行为提起的诉讼，法院应当受理：

1. 向行政机关申请获取政府信息，行政机关拒绝提供或者逾期不予答复的；

2. 认为行政机关提供的政府信息不符合其在申请中要求的内容或者法律、法规规定的适当形式的；

3. 认为行政机关主动公开或者依他人申请公开政府信息侵犯其商业秘密、个人隐私的；

4. 认为行政机关提供的与其自身相关的政府信息记录不准确，要求该行政机关予以更正，该行政机关拒绝更正、逾期不予答复或者不予转送有权机关处理的；

5. 认为行政机关在政府信息公开工作中的其他具体行政行为侵犯其合法权益的。

公民、法人或者其他组织认为政府信息公开行政行为侵犯其合法权益造成损害的，可以一并或单独提起行政赔偿诉讼。

问：公民、法人或者其他组织对哪些行为不服提起行政诉讼，法院不予受理？

答：公民、法人或者其他组织对下列行为不服提起行政诉讼，法院不予受理：

1. 因申请内容不明确，行政机关要求申请人作出更改、补充且对申请人权利义务不产生实际影响的告知行为；

2. 要求行政机关提供政府公报、报纸、杂志、书籍等公开出版物，行政机关予以拒绝的；

3. 要求行政机关为其制作、搜集政府信息，或者对若干政府信息进行汇总、分析、加工，行政机关予以拒绝的；

4. 行政程序中的当事人、利害关系人以政府信息公开名义申请查阅案卷材料，行政机关告知其应当按照相关法律、法规的规定办理的。

（二）法院裁判的理由

本案的二审法院判决内容主要有三项：一项维持，一项撤销，一项改判。

具体内容是：

1. 确认某县环境保护局对原告罗某等提出政府信息公开申请不履行法定职责的行为违法。

2. 撤销某县法院行政判决书的第二项，即驳回原告罗某等要求某县环境保护局履行公开政府信息的诉讼请求。

3. 由被上诉人某县环境保护局在判决生效后十五日内对已保存的政府信息，即《某街镇生活垃圾处理工程环境影响报告书》《关于某街镇生活垃圾处理工程环境影响报告书的技术评估意见》向上诉人罗某等予以公开。

二审法院支持了原告罗某等提出的诉求，某县环境保护局败诉，理由是：

1. 被上诉人应履行答复义务。某县环境保护局收到上诉人提出的政府信息公开申请后，未按规定予以答复，属于不履行法定职责的行为，一审法院确认其违法正确。

2. 被上诉人应履行告知义务。上诉人向被上诉人某县环境保护局申请的政府信息公开事项有三项，对第一项、第二项，被上诉人某县环境保护局否认其是政府信息的制作机关及政府信息的保存机关。但是，按照规定，被上诉人某县环境保护局应当履行告知义务，即应当告知申请人，依法不属于本行政机关公开或者该政府信息不存在；对能够确定该政府信息的公开机关的，应当告知申请人该行政机关的名称、联系方式。

3. 未履行公开政府信息的义务，属不履行法定职责。上诉人申请的第三项，即被上诉人认可《某街镇生活垃圾处理工程环境影响报告书》《关于某街镇生活垃圾处理工程环境影响报告书的技术评估意见》《某省环境保护厅关于某县某街镇生活垃圾处理工程环境影响报告书的批复》由其保存，被上诉人应依照《中华人民共和国政府信息公开条例》的规定向申请人公开。

对于《某省环境保护厅关于某县某街镇生活垃圾处理工程环境影响报告书的批复》，上诉人在一审中已作为证据提交，证明上诉人已持有，没有必要再要求被上诉人进行公开。

综上，被上诉人某县环境保护局对上诉人提出政府信息公开申请不履行法定职责的行为属于违法。

（三）法院裁判的法律依据

《中华人民共和国政府信息公开条例》：

第十七条　行政机关制作的政府信息，由制作该政府信息的行政机关负责公开；行政机关从公民、法人或者其他组织获取的政府信息，由保存该政府信息的行政机关负责公开。法律、法规对政府信息公开的权限另有规定的，从其规定。

第二十一条　对申请公开的政府信息，行政机关根据下列情况分别作出答复：

（一）属于公开范围的，应当告知申请人获取该政府信息的方式和途径；

（二）属于不予公开范围的，应当告知申请人并说明理由；

（三）依法不属于本行政机关公开或者该政府信息不存在的，应当告知申请人，对能够确定该政府信息的公开机关的，应当告知申请人该行政机关的名称、联系方式；

（四）申请内容不明确的，应当告知申请人作出更改、补充。

第二十四条　行政机关收到政府信息公开申请，能够当场答复的，应当当场予以答复。

行政机关不能当场答复的，应当自收到申请之日起 15 个工作日内予以答复；如需延长答复期限的，应当经政府信息公开工作机构负责人同意，并告知申请人，延长答复的期限最长不得超过 15 个工作日。

申请公开的政府信息涉及第三方权益的，行政机关征求第三方意见所需时间不计算在本条第二款规定的期限内。

《中华人民共和国行政诉讼法》：

第八十五条　当事人不服人民法院第一审判决的，有权在判决书送达之日起十五日内向上一级人民法院提起上诉。当事人不服人民法院第一审裁定的，有权在裁定书送达之日起十日内向上一级人民法院提起上诉。逾期不提起上诉的，人民法院的第一审判决或者裁定发生法律效力。

第八十六条　人民法院对上诉案件，应当组成合议庭，开庭审理。经过阅卷、调查和询问当事人，对没有提出新的事实、证据或者理由，合议庭认为不需要开庭审理的，也可以不开庭审理。

第八十七条　人民法院审理上诉案件，应当对原审人民法院的判决、裁定和被诉行政行为进行全面审查。

第八十八条　人民法院审理上诉案件，应当在收到上诉状之日起三个月内作出终审判决。有特殊情况需要延长的，由高级人民法院批准，高级人民法院审理上诉案件需要延长的，由最高人民法院批准。

第八十九条　人民法院审理上诉案件，按照下列情形，分别处理：

（一）原判决、裁定认定事实清楚，适用法律、法规正确的，判决或者裁定驳回上诉，维持原判决、裁定；

（二）原判决、裁定认定事实错误或者适用法律、法规错误的，依法改判、撤销或者变更；

（三）原判决认定基本事实不清、证据不足的，发回原审人民法院重审，或者查清事实后改判；

（四）原判决遗漏当事人或者违法缺席判决等严重违反法定程序的，裁定撤销原判决，发回原审人民法院重审。

原审人民法院对发回重审的案件作出判决后，当事人提起上诉的，第二审人民法院不得再次发回重审。

人民法院审理上诉案件，需要改变原审判决的，应当同时对被诉行政行为作出判决。

（四）上述案例的启示

行政诉讼的原告对一审裁判不服，可以通过第二审程序维护自身合法权益。

行政诉讼第二审程序又称上诉审程序，是指当事人对第一审法院作出的判决或裁定不服，在法定期限内向一审法院的上一级法院提起的上诉，由二审对一审法院作出的尚未生效的判决或裁定重新进行审理，并作出裁判的程序。

提起上诉，要注意下列问题：

1. 要在法定期限内提起上诉。当事人不服法院一审判决的，有权在判决书送达之日起十五日内向上一级法院提起上诉。当事人不服法院第一审裁定的，有权在裁定书送达之日起十日内向上一级法院提起上诉。逾期不提起上诉的，法院的第一审判决或者裁定发生法律效力。

2. 三个月内作出终审判决。法院审理上诉案件，应当在收到上诉状之日起三个月内作出终审判决。有特殊情况需要延长的，由高级人民法院批准，高级人民法院审理上诉案件需要延长的，由最高人民法院批准。

3. 审理对象。法院审理上诉案件，应当对原审法院的判决、裁定和被诉行政行为进行全面审查。

案例二　居住区域被污染　诉讼请求被驳回

一、引子和案例

（一）案例简介

空气污染可能引起民事诉讼，也可能引起行政诉讼。

郑某经营一家养猪场，并在养猪场附近居住。后来，某竹业公司在郑某养猪场和住宅附近建厂。其厂区东侧（6号车间）距离郑某的住宅及养猪场和管理房仅2.5米，厂区东北侧与郑某的养猪场的距离约25米。郑某子孙三代已在此地居住养猪18年。竹业公司非法生产排放的刺激性有毒废气、烟尘颗粒物，绝大部分笼罩、飘落在郑某的房屋及养猪场，对郑某及其家人的身体造成严重伤害，饲养的生猪大量死亡。竹业公司的机器设备运行时发出的噪声严重影响郑某及家人的身心健康。其烘干车间除了排放刺激性有毒废气外，还产生热量，并扩散至郑某的房屋和养猪场内。

为此，郑某提起行政诉讼，请求判令某市环境保护局责令某竹业公司立即停止生产。

（二）裁判结果

原审法院认为，立即停止生产的请求事项不属于行政审判权限范

围，因此，裁定驳回郑某的起诉。郑某不服一审裁定，向上一级法院
提出上诉。

郑某上诉请求判令某市环境保护局责令某竹业公司立即停止生产
属法院行政受案审理范围；一审法院认为某市环境保护局不存在拒不
履行法定职责的情形，缺乏事实依据；请求二审法院撤销原裁定，指
令一审法院继续审理。

被上诉人某市环境保护局辩称：一审认定事实清楚，适用法律正
确，应予维持；上诉人一审诉请明显超过行政审判职权，被上诉人已
经履行了相应的法定职责，没有不作为的情形；上诉人的上诉主张无
理，应当予以驳回。

原审第三人竹业有限公司述称：上诉人的上诉请求没有依据，某
市环境保护局已经履行了法定职责，上诉人要求法院判决被上诉人作
出停止生产的决定混淆了行政权与司法权的界限；请求二审法院驳回
上诉，维持原裁定。

二审法院认为，上诉人郑某提出的该项诉讼请求，即判令某市环
境保护局责令某竹业有限公司立即停止生产，不符合提起行政诉讼的
法定条件，一审法院裁定驳回起诉正确，故裁定驳回上诉，维持原裁定。

与案例相关的问题：

养殖场可能造成哪些污染？

什么是行政诉讼？行政诉讼的起诉条件有哪些？

行政诉讼的受案范围是指什么？法院应当受理哪些行政案件？

法院不受理哪些行政案件？

什么是行政诉讼第三人？

什么是不履行法定职责案件？

什么是行政自由裁量权？

二、相关知识

问：养殖场可能造成哪些污染？

答：养殖场可能造成下列污染：

1. 废气。养殖场内粪尿、垫料、残余饲料、畜禽尸体等的分解，会产生大量的氨气、硫化氢、甲烷、一氧化碳等有毒有害气体。臭气会严重影响环境，危害人体健康，在夏天更为严重。

2. 废水。养殖场的污水有机物浓度高，氨氮含量高，且有大量的细菌。如果直接排入水体，将造成水体富营养化，影响水质及水生生态环境，污染地表水和地下水，也会造成土壤污染，严重影响环境，危害人体健康。

3. 固体废物。主要指畜禽养殖业中产生的猪粪、牛粪、羊粪、鸡粪、鸭粪等。这些固体废物大量堆放，对大气、土壤、水环境会造成严重污染。

4. 噪声。规模化的养殖场还配套有饲料加工，也会产生粉尘及噪声污染，同样会影响环境，危害人体健康。

三、与案件相关的法律问题

（一）学理知识

问：什么是行政诉讼？行政诉讼的起诉条件有哪些？

答：行政诉讼是指公民、法人或者其他组织认为具体行政行为侵犯了其合法权利，依法向法院起诉，法院在当事人及其他诉讼参与人的参加下，依法对被诉具体行政行为进行合法性审查并作出裁判的诉讼活动。

提起行政诉讼应当符合下列条件：

1. 原告是符合法律规定的公民、法人或者其他组织；

2. 有明确的被告；

3. 有具体的诉讼请求和事实根据；

4. 属于人民法院受案范围和受诉人民法院管辖。

问：行政诉讼的受案范围是指什么？法院应当受理哪些行政案件？

答：行政诉讼受案范围是指法院受理行政诉讼案件的种类和权限的范围。

法院应当受理的行政案件有：

1. 对行政拘留、暂扣或者吊销许可证和执照、责令停产停业、没收违法所得、没收非法财物、罚款、警告等行政处罚不服的；

2. 对限制人身自由或者对财产的查封、扣押、冻结等行政强制措施和行政强制执行不服的；

3. 申请行政许可，行政机关拒绝或者在法定期限内不予答复，或者对行政机关作出的有关行政许可的其他决定不服的；

4. 对行政机关作出的关于确认土地、矿藏、水流、森林、山岭、草原、荒地、滩涂、海域等自然资源的所有权或者使用权的决定不服的；

5. 对征收、征用决定及其补偿决定不服的；

6. 申请行政机关履行保护人身权、财产权等合法权益的法定职责，行政机关拒绝履行或者不予答复的；

7. 认为行政机关侵犯其经营自主权或者农村土地承包经营权、农村土地经营权的；

8. 认为行政机关滥用行政权力排除或者限制竞争的；

9. 认为行政机关违法集资、摊派费用或者违法要求履行其他义务的；

10. 认为行政机关没有依法支付抚恤金、最低生活保障待遇或者社会保险待遇的；

11. 认为行政机关不依法履行、未按照约定履行或者违法变更、解除政府特许经营协议、土地房屋征收补偿协议等协议的;

12. 认为行政机关侵犯其他人身权、财产权等合法权益的。

除了上述的案件,法院也应当受理法律、法规规定可以受理的其他行政案件。

问:法院不受理哪些行政案件?

答:下列行为不属于法院行政诉讼的受案范围:

1. 国家行为。国家行为是指国务院、中央军事委员会、国防部、外交部等根据宪法和法律的授权,以国家的名义实施的有关国防和外交事务的行为,以及经宪法和法律授权的国家机关宣布紧急状态等行为,如国防、外交等国家行为。

2. 抽象行政行为。行政法规、规章或者行政机关制定、发布的具有普遍约束力的决定、命令,即行政机关针对不特定对象发布的能反复适用的规范性文件。

3. 内部行政行为。行政机关对行政机关工作人员的奖惩、任免等决定,即行政机关作出的涉及行政机关工作人员公务员权利义务的决定。

4. 法律规定由行政机关最终裁决的行政行为,如国务院对行政复议作出的最终裁决。

5. 公安、国家安全等机关依照《中华人民共和国刑事诉讼法》的明确授权实施的行为。

6. 调解行为以及法律规定的仲裁行为。

7. 行政指导行为。

8. 驳回当事人对行政行为提起申诉的重复处理行为。

9. 行政机关作出的不产生外部法律效力的行为。

10. 行政机关为作出行政行为而实施的准备、论证、研究、层报、

midx.

-.

咨询等过程性行为。

11. 行政机关根据人民法院的生效裁判、协助执行通知书作出的执行行为，但行政机关扩大执行范围或者采取违法方式实施的除外。

12. 上级行政机关基于内部层级监督关系对下级行政机关作出的听取报告、执法检查、督促履责等行为。

13. 行政机关针对信访事项作出的登记、受理、交办、转送、复查、复核意见等行为。

14. 对公民、法人或者其他组织权利义务不产生实际影响的行为。

问：什么是行政诉讼第三人？

答：行政诉讼第三人是指与被诉的具体行政行为有利害关系但没有提起诉讼，或者同案件处理结果有利害关系，申请参加诉讼或者由法院通知参加诉讼的公民、法人或者其他组织。

行政诉讼第三人的特征：一般是原告、被告之外的行政相对人；同被诉的具体行政行为有利害关系的人；参加诉讼是在诉讼开始之后和审结之前；参加诉讼的方式有主动申请参加诉讼和法院依职权通知参加诉讼。

竹业公司在案件中的身份是第三人，同案件处理结果有利害关系，如果法院支持郑某提出的诉求，某竹业公司会被某市环境保护局责令停止生产。

问：什么是不履行法定职责行政案件？

答：不履行法定职责行政案件是指公民法人或其他组织，认为行政机关拒不履行保护人身权、财产权等合法权益的法定职责而引起的行政案件。例如以下情况：

1. 申请行政许可，行政机关拒绝或者在法定期限内不予答复，或者对行政机关作出的有关行政许可的其他决定不服的；

2. 申请行政机关履行保护人身权、财产权等合法权益的法定职责，行政机关拒绝履行或者不予答复的；

3.认为行政机关没有依法支付抚恤金、最低生活保障待遇或者社会保险待遇的；

4.认为行政机关不依法履行、未按照约定履行或者违法变更、解除政府特许经营协议、土地房屋征收补偿协议等协议的；

5.认为行政机关侵犯其他人身权、财产权等合法权益的。

问：什么是行政自由裁量权？

答：行政自由裁量权是指行政机关依据法律法规的职责权限、法定条件，在规定的种类、幅度范围内，针对具体的行政法律关系，在各种可能采取的措施中进行自由选择而作出的行政决定的权力。如行政处罚的自由裁量权，即在规定的处罚种类、幅度范围内，行政机关自由选择而作出行政处罚的权力。此外，在情节轻重认定、行为方式、时限规定、事实性质认定等方面，行政机关都有自由裁量权。

（二）法院裁判的理由

郑某请求法院判令某市环境保护局责令第三人某竹业公司立即停止生产。一审法院裁定驳回郑某的起诉。郑某不服，向上一级法院提出上诉。二审法院也裁定驳回郑某的上诉，维持原裁定。

法院驳回郑某诉讼请求的理由是，郑某要求法院判令某市环境保护局责令某竹业公司立即停止生产的诉讼请求，属于某市环境保护局行使行政自由裁量权、行政机关依法行使行政执法权的范围，不属于行政诉讼法规定的行政诉讼受案范围，不符合提起行政诉讼的法定条件。

审判权是指法院依法审理及裁决行政案件、刑事案件、民事案件及其他案件的权力。司法审判权不能超越界限干涉属于行政自由裁量权的内容。

综上理由，一审和二审法院都不支持郑某的诉讼请求。

（三）法院裁判的法律依据

《中华人民共和国行政诉讼法》：

第四十九条　提起诉讼应当符合下列条件：

（一）原告是符合本法第二十五条规定的公民、法人或者其他组织；

（二）有明确的被告；

（三）有具体的诉讼请求和事实根据；

（四）属于人民法院受案范围和受诉人民法院管辖。

第八十九条　人民法院审理上诉案件，按照下列情形，分别处理：

（一）原判决、裁定认定事实清楚，适用法律、法规正确的，判决或者裁定驳回上诉，维持原判决、裁定；

（二）原判决、裁定认定事实错误或者适用法律、法规错误的，依法改判、撤销或者变更；

（三）原判决认定基本事实不清、证据不足的，发回原审人民法院重审，或者查清事实后改判；

（四）原判决遗漏当事人或者违法缺席判决等严重违反法定程序的，裁定撤销原判决，发回原审人民法院重审。

原审人民法院对发回重审的案件作出判决后，当事人提起上诉的，第二审人民法院不得再次发回重审。

人民法院审理上诉案件，需要改变原审判决的，应当同时对被诉行政行为作出判决。

《最高人民法院关于适用〈中华人民共和国行政诉讼法〉的解释》：

第六十九条　有下列情形之一，已经立案的，应当裁定驳回起诉：

（一）不符合行政诉讼法第四十九条规定的；

（二）超过法定起诉期限且无行政诉讼法第四十八条规定情形的；

（三）错列被告且拒绝变更的；

（四）未按照法律规定由法定代理人、指定代理人、代表人为诉讼行为的；

（五）未按照法律、法规规定先向行政机关申请复议的；

（六）重复起诉的；

（七）撤回起诉后无正当理由再行起诉的；

（八）行政行为对其合法权益明显不产生实际影响的；

（九）诉讼标的已为生效裁判或者调解书所羁束的；

（十）其他不符合法定起诉条件的情形。

前款所列情形可以补正或者更正的，人民法院应当指定期间责令补正或者更正；在指定期间已经补正或者更正的，应当依法审理。

人民法院经过阅卷、调查或者询问当事人，认为不需要开庭审理的，可以迳行裁定驳回起诉。

（四）上述案例的启示

郑某的诉讼请求被一审、二审法院裁定驳回。因为向法院提起行政诉讼，一定要符合起诉条件。符合起诉条件是指原告是符合规定的公民、法人或者其他组织；有明确的被告；有具体的诉讼请求和事实根据；属于法院受案范围和受诉人民法院管辖。

郑某的诉讼请求不属于《中华人民共和国行政诉讼法》规定的受案范围。按照《最高人民法院关于适用〈中华人民共和国行政诉讼法〉的解释》第六十九条第一款第（一）项，不符合行政诉讼法第四十九条规定，已经立案的，应当裁定驳回起诉。

郑某作为行政诉讼的原告，向法院提起行政诉讼，不符合起诉条件，不属于法院受案范围，所以被裁定驳回起诉。

案例三　锅炉排污被处罚，不服处罚打官司

一、引子和案例

（一）案例简介

超标准排污会受到行政处罚。

某物业管理有限责任公司是为小区住户提供物业管理、热力供应服务等的公司。

2016 年 12 月 29 日，北京市某区环境保护局对该物业公司进行了现场检查，并对该公司负责运营的 2010 年投入运行的，型号为 SZL4.2 的 1 号燃煤锅炉的大气污染物排放情况进行了监督性检测。根据某区环境保护监测站出具的 × 炉窑 2016-269 号《检测报告》，上述燃煤锅炉排放的二氧化硫浓度为 254mg/m³，氮氧化物浓度为 223mg/m³，超过了北京市《锅炉大气污染物排放标准》（DB11/139-2015）中规定的排放限值。

2017 年 1 月 10 日，某区环境保护局对该物业公司上述涉嫌违法的行为予以立案调查。

2017 年 2 月 9 日，某区环境保护局对物业公司进行调查询问，并制作调查询问笔录，该公司法定代表人在调查询问中对 × 炉窑 2016-

269 号《检测报告》以及适用的排放标准没有异议。

2017 年 3 月 28 日,某区环境保护局作出行政处罚事先听证告知书,拟对该物业公司作出责令改正,处 20 万元以上 100 万元以下罚款,并告知该物业公司在收到该告知书之日起三日内有陈述申辩、要求举行听证会的权利。该告知书于作出当日直接送达物业公司。

2017 年 4 月 13 日,某区环境保护局作出《行政处罚决定书》,并直接送达该物业公司。

该物业公司不服处罚决定,认为该处罚决定事实不清,处罚过重,向法院提起行政诉讼,请求依法撤销北京市某区环境保护局作出的 × 环保监察罚字〔2017〕× 号《行政处罚决定书》。

(二)裁判结果

法院判决驳回某物业管理有限责任公司的诉讼请求。

与案例相关的问题:

大气污染物中二氧化硫有哪些危害?

什么是行政处罚?

行政处罚的原则有哪些?

什么是行政处罚的追诉时效?

行政处罚的种类有哪些?

行政处罚的实施机关有哪些?

什么是行政处罚的简易程序?

什么是行政处罚的听证程序?

什么是行政处罚的一般程序?

行政处罚决定书应当载明哪些事项?

对行政处罚不服可以通过哪些途径救济?

二、相关知识

问：大气污染物中的二氧化硫有哪些危害？

答：二氧化硫是硫氧化物，通常由硫单质或含硫化合物被氧化而成，是大气主要污染物之一。煤和石油在燃烧时会生成二氧化硫。

当二氧化硫溶于水中，会形成亚硫酸。亚硫酸在 PM2.5 存在的条件下氧化，会生成酸雨的主要成分——硫酸。2017 年 10 月 27 日，世界卫生组织国际癌症研究机构公布的致癌物清单里，二氧化硫属于 3 类致癌物。

大气中高浓度的二氧化硫会刺激人的呼吸道，甚至会使人出现溃疡和肺水肿，直至窒息死亡。即便是低浓度二氧化硫，如果长期接触，也可能引起嗅觉、味觉减退，以及头痛，乏力，牙齿酸蚀，慢性鼻炎，咽炎，气管炎，支气管炎，肺气肿等症状。

三、与案件相关的法律问题

（一）学理知识

问：什么是行政处罚？

答：行政处罚是指行政机关依照法定职权和程序，对违反行政法规范的公民、法人或组织，给予行政制裁的具体行政行为。

问：行政处罚的原则有哪些？

答：行政处罚的原则有处罚法定原则，公正公开原则，处罚与教育结合原则，保障当事人程序权利原则等。

处罚法定原则要求处罚依据是法定的；实施处罚的主体是法定的；实施处罚的职权是法定的；处罚程序是法定的。

处罚公正原则要求行政处罚的设定和实施必须与相对人的违法事

实、性质、情节以及社会危害程度相当。处罚公开原则要求行政处罚的依据、过程及结果必须公开。

处罚与教育结合原则要求通过处罚达到教育的目的，使违法者变成知法守法者，要求行政机关在行政处罚的适用中坚持教育与处罚相结合。

保障当事人程序权利原则要求正确处理惩罚和保护的相互关系，保障当事人依法享有陈述权、申辩权；对行政处罚决定不服的，有权申请复议或者提起行政诉讼；因违法行政处罚受到损害的，有权提出赔偿要求。

问：什么是行政处罚的追诉时效？

答：行政处罚追诉时效是指在违反行政管理秩序的违法行为发生后，对该行为有处罚权的行政机关，在法律规定的期限内未发现这个事实，超过法律规定的期限才发现的，对当时的违法行为人不再给予行政处罚的时间期限。

违法行为在两年内未被发现的，不再给予行政处罚。法律另有规定的除外。

两年内的期限，从违法行为发生之日起计算；违法行为有连续或者继续状态的，从行为终了之日起计算。

行政处罚追诉时效要注意三点：

1.该条的"发现"时间是指行政机关的立案时间，不是行政机关作出行政处罚的时间。

2."违法行为发生之日"是指违法行为完成或者停止日。如运输违禁物品，在途中用了10天时间，应当从最后一天将违禁物品转交他人起开始计算。

对于连续或者继续状态的，从违法行为终了之日起计算。如某公民偷电行为，自从接通电源时就开始偷电，该案的行政处罚追究时效应当从该公民停止偷电之日起计算。

3. 行政机关在行政处罚追究时效期限内发现违法行为，但最后作出行政处罚决定时超过行政处罚追究期限的，对这种情况法院不以超出行政处罚追究时效处理。

问：行政处罚的种类有哪些？

答：行政处罚可以分为人身罚、行为罚、财产罚、精神罚等。

人身罚是指特定行政主体限制和剥夺违法行为人的人身自由的行政处罚。

行政拘留也称治安拘留，是特定的行政主体依法对违反行政法律规范的公民，在短期内剥夺或限制其人身自由的行政处罚。

行为罚是指行政主体限制或剥夺违法行为人特定的行为能力的制裁形式，包括：1. 责令停产、停业，就是直接剥夺生产经营者进行生产经营活动的权利。2. 暂扣或者吊销许可证和营业执照，是指行政主体依法收回或暂时扣留违法者已经获得的从事某种活动的权利或资格的证书。

财产罚是指行政主体依法对违法行为人给予的剥夺财产权的处罚形式，包括：1. 罚款就是强制违法者承担一定的金钱给付义务，要求违法者在一定期限内交纳一定数量货币的处罚。2. 没收财物（没收违法所得、没收非法财物等）是指行政主体依法将违法行为人的部分或全部违法所得、非法财物包括违禁品或实施违法行为的工具收归国有的处罚方式。

精神罚是指行政主体对违反行政法律规范的公民、法人或其他组织的谴责和警戒。它是对违法者的名誉、荣誉、信誉或精神上的利益造成一定损害的处罚方式。如警告就是行政主体对违法者提出告诫或谴责。

《中华人民共和国行政处罚法》规定的行政处罚的种类包括（一）

警告；（二）罚款；（三）没收违法所得、没收非法财物；（四）责令停产停业；（五）暂扣或者吊销许可证、暂扣或者吊销执照；（六）行政拘留；（七）法律、行政法规规定的其他行政处罚。

问：行政处罚的实施机关有哪些？

答：行政处罚的实施机关有行政机关、授权实施组织、受委托组织。

行政机关实施行政处罚。行政处罚由具有行政处罚权的行政机关在法定职权范围内实施。国务院或者经国务院授权的省、自治区、直辖市人民政府可以决定一个行政机关行使有关的行政处罚权，但限制人身自由的行政处罚权只能由公安机关行使。

法律、法规授权的组织实施行政处罚。法律、法规直接授予行政处罚实施权的，称为法律、法规授权的组织；法律、法规授权的具有管理公共事务职能的组织可以在法定授权范围内实施行政处罚。法律、法规授权的组织实施行政处罚的条件：第一，该组织具有管理公共事务的职能；第二，法律、法规明文授权；第三，在法定授权范围内行使行政处罚权。

委托实施行政处罚。行政机关委托给予行政处罚实施权的，称为行政机关委托的组织。行政机关依照法律、法规或者规章的规定，可以在其法定权限内委托符合条件的组织实施行政处罚。行政机关不得委托其他组织或者个人实施行政处罚。委托行政机关对受委托的组织实施行政处罚的行为应当负责监督，并对该行为的后果承担法律责任。受委托组织在委托范围内，以委托行政机关名义实施行政处罚；不得再委托其他任何组织或者个人实施行政处罚。

受委托组织必须符合以下条件：

1. 依法成立的管理公共事务的事业组织；

2. 具有熟悉有关法律、法规、规章和业务的工作人员；

3. 对违法行为需要进行技术检查或者技术鉴定的，应当有条件组织进行相应的技术检查或者技术鉴定。

问：什么是行政处罚的简易程序？

答：简易程序是由法定的行政机关对符合法定条件的处罚事项，当场进行处罚所应遵循的程序。

适用简易程序的条件有两项：（一）违法事实确凿并有法定依据；（二）对公民处以五十元以下、对法人或者其他组织处以一千元以下罚款或者警告的行政处罚的。

执法人员当场作出行政处罚决定的，应当向当事人出示执法身份证件，填写预定格式、编有号码的行政处罚决定书。行政处罚决定书应当当场交付当事人。

前款规定的行政处罚决定书应当载明当事人的违法行为、行政处罚依据、罚款数额、时间、地点以及行政机关名称，并由执法人员签名或者盖章。

执法人员当场作出的行政处罚决定，必须报所属行政机关备案。

当事人对当场作出的行政处罚决定不服的，可以依法申请行政复议或者提起行政诉讼。

问：什么是行政处罚的听证程序？

答：行政听证程序是指行政机关在做出行政处罚前，举行公开听证会议，听取当事人对相关的指控、证据、处理意见的陈述、申辩和质证，根据双方质证、核实的材料做出行政决定的一种程序。

行政机关作出责令停产停业、吊销许可证或者执照、较大数额罚款等行政处罚决定之前，应当告知当事人有要求举行听证的权利；当事人要求听证的，行政机关应当组织听证。当事人不承担行政机关组织听证的费用。

听证依照以下程序组织：

1. 当事人要求听证的，应当在行政机关告知后三日内提出；

2. 行政机关应当在听证的七日前，通知当事人举行听证的时间、地点；

3. 除涉及国家秘密、商业秘密或者个人隐私外，听证公开举行；

4. 听证由行政机关指定的非本案调查人员主持；当事人认为主持人与本案有直接利害关系的，有权申请回避；

5. 当事人可以亲自参加听证，也可以委托一至二人代理；

6. 举行听证时，调查人员提出当事人违法的事实、证据和行政处罚建议；当事人进行申辩和质证；

7. 听证应当制作笔录；笔录应当交当事人审核无误后签字或者盖章。

当事人对限制人身自由的行政处罚有异议的，依照《中华人民共和国治安管理处罚法》有关规定执行。

听证结束后，行政机关依照法律的规定，作出决定。

问：什么是行政处罚的一般程序？

答：行政处罚的一般程序又称普通程序，适用于除简易程序和听证程序外的行政处罚的基本程序，除法律另有规定外，任何行政处罚决定都必须适用这一程序。

问：行政处罚决定书应当载明哪些事项？

答：行政机关给予行政处罚，应当制作行政处罚决定书。行政处罚决定书应当载明的事项有：

1. 当事人的姓名或者名称、地址；

2. 违反法律、法规或者规章的事实和证据；

3. 行政处罚的种类和依据；

4. 行政处罚的履行方式和期限；

5. 不服行政处罚决定，申请行政复议或者提起行政诉讼的途径和期限；

6.作出行政处罚决定的行政机关名称和作出决定的日期。

行政处罚决定书必须盖有作出行政处罚决定的行政机关的印章。

问：对行政处罚不服可以通过哪些途径救济？

答：对于行政机关作出的行政处罚决定，当事人不服的，可以采取行政复议和行政诉讼两种救济途径来维护自身权益。

行政处罚决定依法作出后，当事人应当在行政处罚决定的期限内，予以履行。当事人对行政处罚决定不服申请行政复议或者提起行政诉讼的，行政处罚不停止执行，法律另有规定的除外。

1.行政复议途径救济

公民、法人或者其他组织认为具体行政行为侵犯其合法权益的，可以自知道该具体行政行为之日起六十日内提出行政复议申请，但是法律规定的申请期限超过六十日的除外。

因不可抗力或者其他正当理由耽误法定申请期限的，申请期限自障碍消除之日起继续计算。

2.行政诉讼途径救济

公民、法人或者其他组织直接向人民法院提起诉讼的，应当自知道或者应当知道作出行政行为之日起六个月内提出，法律另有规定的除外。

因不动产提起诉讼的案件自行政行为作出之日起超过二十年，其他案件自行政行为作出之日起超过五年提起诉讼的，人民法院不予受理。

（二）法院裁判的理由

某物业公司不服该处罚决定，认为该处罚决定事实不清，处罚过重，向法院提起行政诉讼，请求依法撤销北京市某区环境保护局作出的×环保监察罚字〔2017〕×号《行政处罚决定书》。法院判决驳回某物业管理有限责任公司的诉讼请求。

法院认为，某区环境保护局作出的处罚决定事实清楚、证据充分、适用法律正确、裁量合理。

在处罚实施主体上，某区环境保护局作为辖区内的环境保护主管部门，具有对原告某物业公司的违法行为进行行政处罚的职权。

在事实和适用法律上，某区环境保护局经调查取证，发现原告某物业公司负责运营的燃煤锅炉二氧化硫、氮氧化物排放浓度超标，依据《中华人民共和国大气污染防治法》的规定，对原告某物业公司作出的处罚决定，事实清楚，适用法律正确。

在裁量幅度上，某区环境保护局向法院提交了具有裁量幅度内作出行政处罚决定的证明文件。

在本案的处罚程序中，某区环境保护局履行了立案、调查取证、询问、集体讨论以及送达等程序，并向原告告知了对其所作处罚决定认定的事实、理由、依据及享有的权利，履行了告知义务，处罚程序合法。

（三）法院裁判的法律依据

《中华人民共和国大气污染防治法》：

第十八条 企业事业单位和其他生产经营者建设对大气环境有影响的项目，应当依法进行环境影响评价、公开环境影响评价文件；向大气排放污染物的，应当符合大气污染物排放标准，遵守重点大气污染物排放总量控制要求。

第九十九条 违反本法规定，有下列行为之一的，由县级以上人民政府环境保护主管部门责令改正或者限制生产、停产整治，并处十万元以上一百万元以下的罚款；情节严重的，报经有批准权的人民政府批准，责令停业、关闭：

（一）未依法取得排污许可证排放大气污染物的；

（二）超过大气污染物排放标准或者超过重点大气污染物排放总量控制指标排放大气污染物的；

（三）通过逃避监管的方式排放大气污染物的。

第五条　县级以上人民政府环境保护主管部门对大气污染防治实施统一监督管理。

县级以上人民政府其他有关部门在各自职责范围内对大气污染防治实施监督管理。

《中华人民共和国行政诉讼法》：

第六十九条　行政行为证据确凿，适用法律、法规正确，符合法定程序的，或者原告申请被告履行法定职责或者给付义务理由不成立的，人民法院判决驳回原告的诉讼请求。

（四）上述案例的启示

本案原告某物业公司向法院提起行政诉讼，请求依法撤销北京市某区环境保护局作出的 × 环保监察罚字〔2017〕× 号《行政处罚决定书》。如果该物业公司能提供证据证明有撤销或者部分撤销的法定情形之一，法院就会支持其诉讼请求。

撤销或者部分撤销行政行为的情形包括以下几方面：

1. 主要证据不足的；

2. 适用法律、法规错误的；

3. 违反法定程序的；

4. 超越职权的；

5. 滥用职权的；

6. 明显不当的。

原告向法院提供的证据，不能证明有撤销或者部分撤销的法定情形，因此，法院判决驳回原告的诉讼请求。

如果原告不服该处罚决定，提供证据能够证明行政行为"重大且明显违法"，请求确认行政行为无效，法院也会支持原告的诉讼请求。

"重大且明显违法"是指：

1. 行政行为实施主体不具有行政主体资格；

2. 减损权利或者增加义务的行政行为没有法律规范依据；

3. 行政行为的内容客观上不可能实施；

4. 其他重大且明显违法的情形。

案例四　没有按规范除尘，企业遭行政处罚

一、引子和案例

（一）案例简介

不正常运行防治污染设施，即使排污达标，也属违法。

某公司系石墨增碳剂生产企业，其再生碳建设项目经过某市环境保护局的验收审批。某市环境保护局于 2011 年 4 月 17 日和 2012 年 9 月 4 日出具的《环境影响评价报告书的批复》及《负责验收的环境保护行政主管部门意见》中均明确要求某公司烟气粉尘排放应使用布袋除尘设施进行处理。

2015 年，某公司因生产过程中的废气、废液问题，曾被有关环保部门责令限期整改。

2016 年 1 月 13 日，市环境保护局在现场检查中发现某公司在生产过程中没有开启使用布袋除尘设施。2016 年 1 月 18 日，某市环境保护局对此进行了立案查处。2016 年 3 月 2 日，某市环境保护局向某公司告知了拟处罚事项，并于 2016 年 3 月 21 日进行了处罚听证，在听证中某公司辩解在生产过程中改变了生产工艺和废气处理方式，利用机械除尘和水除尘能够达到排放标准，对企业未使用布袋除尘事实无异

议，但要求某市环境保护局考虑企业困难从轻处罚，听证后某市环境保护局于 2016 年 4 月 5 日作出《行政处罚决定书》，责令某公司立即改正违法行为，并依据修订后 2016 年 1 月 1 日实施的《大气污染防治法》对其处以 12 万元的罚款。

某公司不服，向某市人民政府申请行政复议，某市人民政府经审查认为，某公司生产过程中未启动运行布袋除尘设施行为属于不正常运行大气污染防治设施行为，某公司持续至 2016 年 1 月 13 日的违法行为，应适用修订后的《中华人民共和国大气污染防治法》(2015 年版) 进行处罚（旧法处罚额度较轻），故于 2016 年 5 月 26 日作出《行政复议决定书》，维持了某市环境保护局的行政处罚。

某公司不服，于 2016 年 6 月 13 日向法院提起行政诉讼，请求撤销两被告，即某市环境保护局、某市人民政府作出的行政决定。

（二）裁判结果

法院判决驳回某公司要求撤销某市环境保护局作出的《行政处罚决定书》及某市人民政府作出的《行政复议决定书》的诉讼请求。

与案例相关的问题：

什么是工业粉尘？工业粉尘的危害有哪些？

什么是行政诉讼的证据？

什么是行政诉讼证据中的书证和物证？

什么是行政诉讼证据中的视听资料和电子数据？

什么是证人证言和当事人的陈述？

什么是鉴定意见、勘验笔录和现场笔录？

什么是环境监测报告？

什么是行政诉讼的举证责任和举证责任分配？

行政诉讼的被告要承担什么举证责任？

行政诉讼的原告要承担什么举证责任？

二、相关知识

问：什么是为工业粉尘？工业粉尘的危害有哪些？

答：工业粉尘通常指含尘（固体微粒）的工业废气，或在固体物料的粉碎、筛分、输送、爆破等过程，或在燃烧、高温熔融和化学反应等过程产生的烟尘（固体微粒）。

按照粉尘的性质，粉尘可分为有机粉尘、无机粉尘和混合型粉尘。有机粉尘是指以有机物质为主的粉尘，包括动物性粉尘、植物性粉尘、人工有机粉尘等。无机粉尘是指以无机物质为主的粉尘，包括矿物性粉尘、金属性粉尘、人工无机粉尘等。混合性粉尘是有机粉尘和无机粉尘混合形成的粉尘，在生产中，这种粉尘最为多见。

工业粉尘的危害：

一是污染大气，危害人的身体健康。煤矿工人尘肺病就是粉尘危害的例子，是在采煤过程中长期接触烟煤或无烟煤粉尘引起的。患者的症状是咳嗽、咳痰、胸痛、呼吸困难、咯血等。

二是可能引起爆炸。粉尘爆炸指可燃性粉尘在爆炸极限范围内，遇到明火或高温，引起燃烧爆炸。粉尘爆炸多发生在有铝粉、锌粉、塑料粉末、小麦粉、染料、胶木灰、奶粉、煤尘、植物纤维尘等的场所。2014年8月2日7时34分，江苏省某金属制品有限公司抛光二车间发生特别重大铝粉尘爆炸事故，当场造成75人死亡、185人受伤，在《生产安全事故报告和调查处理条例》规定的事故发生后30日报告期，共有97人死亡、163人受伤（事故报告期后，经全力抢救医治无效陆续死亡49人，尚有95名伤员在医院治疗，病情基本稳定），直接经济损失3.51亿元。爆炸原因：事故车间除尘设施较长时间未按规定清理，铝粉尘集聚，遇到高温热源引起铝粉尘爆炸。

三、与案件相关的法律问题

（一）学理知识

问：什么是行政诉讼的证据？

答：行政诉讼证据是指在行政诉讼中用以证明案件事实的材料。行政诉讼证据有书证、物证、视听资料、电子数据、证人证言、当事人的陈述、鉴定意见、勘验笔录、现场笔录等。证据要经过法庭审查属实，才能作为认定案件事实的根据。

目前，关于行政诉讼证据的法律及司法解释主要有《中华人民共和国行政诉讼法》、2018年2月8日起施行的《最高人民法院关于适用〈中华人民共和国行政诉讼法〉的解释》、2002年《最高人民法院关于行政诉讼证据若干问题的规定》等。

问：什么是行政诉讼证据中的书证和物证？

答：书证是指以文字、符号、图形所记载或表示的思想内容来证明案件事实的证据，如行政机关的文件、文书、函件、处理决定等。作为行政机关作出具体行政行为的依据的规范性文件，是行政机关在诉讼中必须提交的书证。

在环境案件中，如环境影响评价文件、企业生产记录、环保设施运行记录、合同、发票等缴款凭据，环保部门的环评批复、验收批复、排污许可证、危险废物经营许可证，举报信等都是书证。

物证是指以自己的存在、形状、质量等外部特征和物质属性，证明案件事实的物品，如肇事交通工具、现场留下的物品和痕迹等。

书证和物证的区别在于物证以物质属性和外观特征来证明案件事实，而书证以物品所记载或表示的思想内容来证明。同一物体可以同时成为书证和物证。

在环境案件中，相关的厂房、生产设施、环保设施、排污口标志牌、暗管、污水、废气、固体废物、受污染的农作物、水产品等都是物证。

问：什么是行政诉讼证据中的视听资料和电子数据？

答：视听资料是指以录音、录像、扫描等技术手段，将声音、图像及数据等转化为各种记录载体上的物理信号，证明案件事实的证据，例如用录音机对当事人谈话的录音、用摄像机拍摄的当事人的活动等。举证时，对视听资料应当提供原始载体，确有困难的可以提供复制件。提供视听资料应当注明制作方法、制作时间、制作者和证明对象等。如果提供的是录音资料，应当附上该录音内容的文字记录。

电子数据是指以数字化形式存储、处理、传输的数据。电子数据与视听资料类似，手段都具有现代科技的特征，区别在于电子数据的内容是数据，而视听资料的内容是声音或影像。

在环境案件中，自动监控数据就是电子数据。自动监控数据是指自动监控系统运行过程中产生的反映环境案件情况的电子数据，如污染源自动监控数据、DCS 系统数据、CEMS 系统数据、监控仪器运行参数数据等。

问：什么是证人证言和当事人的陈述？

答：证人证言是指直接或者间接了解案件情况的证人向法院所作的用以证明案件事实的陈述。一般情况下，证人应当出庭陈述证言，但如确有困难不能出庭，经人民法院许可，可以提交书面证言。精神病人、未成年人作证应与其心理健康程度、心智成熟程度相适应。

在环保案件中是指当事人以外的其他人员就了解的案件情况向环保部门所作的反映案件情况的陈述，如企业附近居（村）民的陈述、污染受害人的陈述等。

当事人陈述指的是当事人以口头或书面形式就有关案情对司法机关及其工作人员所作的叙述。当事人陈述与证人证言相似，区别在于陈述的主体不同。

在环保案件中指当事人就案件情况向环保部门所作的陈述，如当事人的陈述申辩意见、当事人的听证会意见等。

问：什么是鉴定意见、勘验笔录和现场笔录？

答：鉴定意见是指鉴定人运用自己的专业知识，利用专门的设备和材料等，对某些专门问题所作的意见。

在环境案件中指具有资质的鉴定机构，受环保部门、当事人或者相关人委托，运用专门知识和技能，通过分析、检验、鉴别、判断，对专门性问题做出的数据报告和书面结论，如环境污染损害评估报告、渔业损失鉴定、农产品损失鉴定等。

勘验笔录是指行政机关工作人员或者法院审判人员对与行政案件有关的现场或者物品进行勘察、检验、测量、绘图、拍照等所作的记录。

现场笔录是指行政机关工作人员在行政管理过程中对与行政案件有关的现场情况及其处理所做的书面记录。

在环境案件中指执法人员对有关物品、场所等进行检查、勘察时当场制作的反映案件情况的文字记录，如现场检查笔录、现场勘察笔录等。

问：什么是环境监测报告？

答：环境监测报告是指具有资质的监测机构，按照有关环境监测技术规范，运用物理、化学、生物、遥感等技术，对各环境要素的状况、污染物排放状况进行定性、定量分析后得出的数据报告和书面结论，如水、气、声等环境监测报告。

县级以上环境保护部门及其所属监测机构出具的监测数据，经省级以上环境保护部门认可的，可以作为证据使用。

问：什么是行政诉讼的举证责任和举证责任分配？

答：行政诉讼的举证责任是指行政诉讼特定当事人，按照法律规定对特定的事项提供证据证明其诉讼主张成立的责任义务，负有举证责任的一方不能证明其诉讼主张成立的，将承担败诉或不利后果的法律制度。

行政诉讼举证责任的分配是指按照法律确定的标准，确定哪一方行政诉讼特定当事人，对哪些相关事实提供证据证明其诉讼主张成立的举证责任负担制度。

问：行政诉讼的被告要承担什么举证责任？

答：行政诉讼的被告对作出的行政行为负有举证责任，应当提供作出该行政行为的证据和所依据的规范性文件，即被告必须按法律要求和举证时限规定向法院提供作出被诉具体行政行为的证据和所依据的规范性文件。

被告不提供或者无正当理由逾期提供证据，视为没有相应证据。但是，被诉行政行为涉及第三人合法权益，第三人提供证据的除外。

在诉讼过程中，被告及其诉讼代理人不得自行向原告、第三人和证人收集证据。

问：行政诉讼的原告要承担什么举证责任？

答：行政诉讼的原告可以提供证明行政行为违法的证据。原告提供的证据不成立的，不免除被告的举证责任。

原告提起行政诉讼应当符合的条件：原告是认为具体行政行为侵犯其合法权益的公民、法人或组织；有明确的被告；有具体的诉讼请求和事实根据；属于法院受案范围和受诉法院管辖。

原告向法院起诉时，应当提供符合其起诉条件的相应的证据材料。

在起诉被告不履行法定职责的案件中，原告应当提供其向被告提出申请的证据，但有下列情形之一的除外：

1. 被告应当依职权主动履行法定职责的；

2. 原告因正当理由不能提供证据的。

在行政赔偿、补偿的案件中，原告应当对行政行为造成的损害提供证据。因被告的原因导致原告无法举证的，由被告承担举证责任。

（二）法院裁判的理由

1. 某公司认为，其生产设备建成经试运行后，发现排烟温度低于露点温度，造成设计中的布袋除尘设备不能正常运行，影响了企业的正常生产。此后，原告升级了工艺流程，新建了重力除尘室，大气烟尘排放符合相关指标。

某市环境保护局执法检查中并未对烟气排放实施检测，即使某公司在生产中未启用布袋除尘设备，也不是为逃避监管而故意为之。对某公司实施行政处罚，法律适用错误，故请求法院撤销某市环境保护局和某市人民政府作出的行政处罚决定和行政复议决定。

2. 某市环境保护局和某市人民政府都请求驳回某公司的诉讼请求。理由如下：

某市环境保护局辩称，某公司的布袋除尘设施是《环境影响评价报告书的批复》《负责验收的环境保护行政主管部门意见》及《关于责令限期整改脱硫废液废气的报告》明确要求使用的环保设施，《中华人民共和国环境保护法》规定，经批准的防治污染设施不得擅自拆除或者闲置，市环境保护局在执法检查中查明某公司的布袋除尘设施一直处于停止运行状态，行政处罚事实清楚。

《中华人民共和国大气污染防治法》规定，禁止"不正常运行大气污染防治设施等逃避监管的方式排放大气污染物"，某公司实施以上行为，应当受到相应处罚，实施行政处罚并无不当，请求驳回某公司的诉讼请求。

某市人民政府辩称，《中华人民共和国环境保护法》规定，"防治污染的设施应当符合经批准的环境影响评价文件的要求，不得擅自拆除或者闲置"，某公司的布袋除尘设备是经某市环境保护局验收审批应当使用的环保设施，某公司在生产过程中有保持布袋除尘设施开启并运行的义务。

某公司停止运行污染物处理设施，依照环保总局（现生态环境部）的行政解释中不正常使用污染物处理设施的行为，是《中华人民共和国大气污染防治法》所列举的逃避监管的方式之一，依法应当受到行政处罚，某市环境保护局据此作出的行政处罚事实清楚，适用法律恰当。

法院依法判决，驳回某公司要求撤销某市环境保护局作出的《行政处罚决定书》及某市人民政府作出的《行政复议决定书》的诉讼请求。理由如下：

法院认为，某公司的布袋除尘设施在生产过程中没有开启使用，属于逃避监管的方式之一，即不正常运行大气污染防治设施。某公司认为其行为不是故意逃避监管、不应被处罚的观点，法院不予认同。因为《中华人民共和国大气污染防治法》规定，"禁止通过偷排、篡改或者伪造监测数据、以逃避现场检查为目的的临时停产、非紧急情况下开启应急排放通道、不正常运行大气污染防治设施等逃避监管的方式排放大气污染物。"

某公司在生产过程中没有开启使用布袋除尘设施的行为，属于"不正常运行大气污染防治设施"，即将污染处理设施短期或者长期停止运行。国家环境保护总局（现生态环境部）2003年11月11日发布的环发（2003）177号文件对"不正常使用"污染物处理设施违法认定有相应的行政解释，将污染处理设施短期或者长期停止运行包含在内，该解释并不与《中华人民共和国大气污染防治法》产生矛盾和冲突，某市环境保护局将上述理由作为行政复议抗辩意见及行为定性依据并无不当；某市环境保护局在行政处罚过程中主体适格、内容合法、程序正当，作出的行政处罚决定及某市人民政府作出的行政复议决定，法院予以支持。

（三）法院裁判的法律依据

《中华人民共和国大气污染防治法》：

第二十条　企业事业单位和其他生产经营者向大气排放污染物的，应当依照法律法规和国务院环境保护主管部门的规定设置大气污染物排放口。

禁止通过偷排、篡改或者伪造监测数据、以逃避现场检查为目的的临时停产、非紧急情况下开启应急排放通道、不正常运行大气污染防治设施等逃避监管的方式排放大气污染物。

第九十九条　违反本法规定，有下列行为之一的，由县级以上人民政府环境保护主管部门责令改正或者限制生产、停产整治，并处十万元以上一百万元以下的罚款；情节严重的，报经有批准权的人民政府批准，责令停业、关闭：

（一）未依法取得排污许可证排放大气污染物的；

（二）超过大气污染物排放标准或者超过重点大气污染物排放总量控制指标排放大气污染物的；

（三）通过逃避监管的方式排放大气污染物的。

《中华人民共和国行政复议法》：

第六条　有下列情形之一的，公民、法人或者其他组织可以依照本法申请行政复议：

（一）对行政机关作出的警告、罚款、没收违法所得、没收非法财物、责令停产停业、暂扣或者吊销许可证、暂扣或者吊销执照、行政拘留等行政处罚决定不服的；

（二）对行政机关作出的限制人身自由或者查封、扣押、冻结财产等行政强制措施决定不服的；

（三）对行政机关作出的有关许可证、执照、资质证、资格证等证书变更、中止、撤销的决定不服的；

（四）对行政机关作出的关于确认土地、矿藏、水流、森林、山岭、草原、荒地、滩涂、海域等自然资源的所有权或者使用权的决定不服的；

（五）认为行政机关侵犯合法的经营自主权的；

（六）认为行政机关变更或者废止农业承包合同，侵犯其合法权益的；

（七）认为行政机关违法集资、征收财物、摊派费用或者违法要求履行其他义务的；

（八）认为符合法定条件，申请行政机关颁发许可证、执照、资质证、资格证等证书，或者申请行政机关审批、登记有关事项，行政机关没有依法办理的；

（九）申请行政机关履行保护人身权利、财产权利、受教育权利的法定职责，行政机关没有依法履行的；

（十）申请行政机关依法发放抚恤金、社会保险金或者最低生活保障费，行政机关没有依法发放的；

（十一）认为行政机关的其他具体行政行为侵犯其合法权益的。

《中华人民共和国环境保护法》：

第四十一条　建设项目中防治污染的设施，应当与主体工程同时设计、同时施工、同时投产使用。防治污染的设施应当符合经批准的环境影响评价文件的要求，不得擅自拆除或者闲置。

《中华人民共和国行政诉讼法》：

第四十五条　公民、法人或者其他组织不服复议决定的，可以在收到复议决定书之日起十五日内向人民法院提起诉讼。复议机关逾期不作决定的，申请人可以在复议期满之日起十五日内向人民法院提起诉讼。法律另有规定的除外。

第六十九条　行政行为证据确凿，适用法律、法规正确，符合法定程序的，或者原告申请被告履行法定职责或者给付义务理由不成立的，人民法院判决驳回原告的诉讼请求。

第八十五条　当事人不服人民法院第一审判决的，有权在判决书送达之日起十五日内向上一级人民法院提起上诉。当事人不服人民法院第一审裁定的，有权在裁定书送达之日起十日内向上一级人民法院提起上诉。逾期不提起上诉的，人民法院的第一审判决或者裁定发生法律效力。

（四）上述案例的启示

本案的启示是不正常运行防治污染设施等逃避监管的方式排放大气污染物，即便排放达标也属违法。这就要求相关企业必须了解以不正常运行防治污染设施等逃避监管的方式违法排放污染物的情形包括哪些，并在实际生产过程中遵守执行。

以不正常运行防治污染设施等逃避监管的方式违法排放污染物，包括以下情形：

1. 将部分或全部污染物不经过处理设施，直接排放的；

2. 非紧急情况下开启污染物处理设施的应急排放阀门，将部分或者全部污染物直接排放的；

3. 将未经处理的污染物从污染物处理设施的中间工序引出直接排放的；

4. 在生产经营或者作业过程中，停止运行污染物处理设施的；

5. 违反操作规程使用污染物处理设施，致使处理设施不能正常发挥处理作用的；

6. 污染物处理设施发生故障后，排污单位不及时或者不按规程进行检查和维修，致使处理设施不能正常发挥处理作用的；

7. 其他不正常运行污染防治设施的情形。

某公司在生产过程中没有开启使用布袋除尘设施，属于"在生产经营或者作业过程中，停止运行污染物处理设施的"行为。

案例五　环保局处罚违规，不准予强制执行

一、引子和案例

（一）案例简介

下面的案例中，法院不准予强制执行环境保护局的行政处罚决定。

某环境保护局于 2016 年 4 月 20 日对某建材公司进行了现场检查，发现该公司存在环境违法行为，当即下达了《责令改正违法行为决定书》，后经督察发现该公司仍未改正。某环境保护局遂于 2016 年 6 月 2 日下达了《行政处罚程序事先告知书》，告知拟对某建材公司进行行政处罚，某建材公司没有申请听证会，于 6 月 8 日向某环境保护局提交了《申辩意见书》，某环境保护局经研究决定对申辩事项不予认可，并作出书面答复。2016 年 6 月 15 日，某环境保护局作出《行政处罚决定书》，并于当日将该决定书送达某建材公司。

该决定书认定某建材公司违反了《中华人民共和国大气污染防治法》第十九条"排放工业废气或者本法第七十八条规定名录中所列有毒有害大气污染物的企业事业单位、集中供热设施的燃煤热源生产运营单位以及其他依法实行排污许可管理的单位，应当取得排污许可证。排污许可的具体办法和实施步骤由国务院规定"的相关规定。

依据《中华人民共和国大气污染防治法》的有关规定，某环境保护局对某建材公司作出罚款 12 万元的行政处罚决定。

2016 年 7 月 7 日至 10 日，某检测工程有限公司对某建材公司的废气进行采样检测，7 月 20 日作出检测报告。

因建材公司未主动缴纳罚款，经催告后仍拒不履行，某环境保护局向法院申请强制执行：1. 行政处罚罚款 12 万元；2. 2016 年 7 月 1 日至 2017 年 2 月 12 日的罚款滞纳金 12 万元。

（二）裁判结果

法院受理后依法组成合议庭，对申请强制执行《行政处罚决定书》的合法性进行了审查。

法院裁定：不准予强制执行某环境保护局作出的《行政处罚决定书》及 2016 年 7 月 1 日至 2017 年 2 月 12 日的罚款滞纳金 12 万元。

与案例相关的问题：

什么是有毒物质？什么是大气污染物？

什么是排污许可？

哪些排污单位应当实行排污许可管理？

什么是非诉行政案件执行？

非诉行政案件的执行有什么特点？

什么是行政诉讼案件执行？

行政诉讼案件的执行有什么特点？

行政机关申请执行其行政行为（非诉行政案件），应当具备哪些条件？

行政机关申请执行其行政行为的期限及管辖法院有什么规定？

公民、法人或者其他组织直接向法院提起诉讼的法定起诉期限是多久？

法院对非诉行政案件执行的申请应当审查什么？如何处理？哪些情形应当裁定不准予执行？

二、相关知识

问：什么是有毒物质？什么是大气污染物？

答：下列物质为"有毒物质"：

1. 危险废物，是指列入国家危险废物名录，或者根据国家规定的危险废物鉴别标准和鉴别方法认定的，具有危险特性的废物；

2.《关于持久性有机污染物的斯德哥尔摩公约》附件所列物质；

3. 含重金属的污染物；

4. 其他具有毒性，可能污染环境的物质。

大气污染物指由于人类活动或自然过程排入大气的并对人和环境产生有害影响的那些物质。包括气态污染物，如含硫化合物、碳的氧化物、含氮化合物、碳氢化合物、卤素化合物；气溶胶态污染物，如粉尘、烟、飞灰、黑烟、雾，等等。

三、与案件相关的法律问题

（一）学理知识

问：什么是排污许可？

答：排污许可是指环境保护主管部门根据排污单位的申请和承诺，通过发放排污许可证法律文书的形式，依法依规规范和限制排污行为，明确环境管理要求，依据排污许可证对排污单位实施监管执法的环境管理制度。

排污单位，特指纳入排污许可分类管理名录的企业事业单位和其他生产经营者。排污单位应当依法持有排污许可证，并按照排污许可证的规定排放污染物。应当取得排污许可证而未取得的，不得排放污染物。

问：哪些排污单位应当实行排污许可管理？

答：下列排污单位应当实行排污许可管理：

1. 排放工业废气或者排放国家规定的有毒有害大气污染物的企业事业单位；

2. 集中供热设施的燃煤热源生产运营单位；

3. 直接或间接向水体排放工业废水和医疗污水的企业事业单位；

4. 城镇或工业污水集中处理设施的运营单位；

5. 依法应当实行排污许可管理的其他排污单位。

生态环境部按行业制订并公布排污许可分类管理名录，分批分步骤推进排污许可证管理。排污单位应当在名录规定的时限内持证排污，禁止无证排污或不按证排污。

问：什么是非诉行政案件执行？

答：非诉行政案件执行是指公民、法人和其他组织对具体行政行为，不向法院提起行政诉讼，又不自动履行行政行为，行政机关向法院申请强制执行，由法院采取执行措施强制执行，使行政机关的具体行政行为得以实现的制度。

《中华人民共和国行政诉讼法》规定，公民、法人或者其他组织对行政行为在法定期限内不提起诉讼又不履行的，行政机关可以申请人民法院强制执行，或者依法强制执行。

问：非诉行政案件的执行有什么特点？

答：非诉行政案件的执行有下列特点：

1. 非诉行政案件的执行机关是法院，而非行政机关。

2. 非诉行政案件执行的根据是行政机关作出的具体行政行为，该具体行政行为没有进入行政诉讼，没有经过人民法院的裁判。

3. 非诉行政案件的执行申请人是行政机关，被执行人只能为公民、法人或者其他组织。

4. 非诉行政案件的执行前提是公民、法人或者其他组织在法定期限内既不提起行政诉讼，也不履行具体行政行为所确定的义务。

5. 非诉行政案件的执行目的是保障没有行政强制执行权的行政机关所作出的具体行政行为内容得以实现。

问：什么是行政诉讼案件执行？

答：行政诉讼案件执行是指行政诉讼案件的当事人，不履行法院生效的行政案件的法律文书，法院和有关行政机关运用国家强制力量，依法采取强制措施，促使当事人履行义务，使生效法律文书的内容得以实现的活动。

问：行政诉讼案件的执行有什么特点？

答：行政诉讼案件的执行的特点：

1. 执行机关包括有强制执行该具体行政行为权力的行政机关和法院。

发生法律效力的行政判决书、行政裁定书、行政赔偿判决书和行政调解书，由第一审法院执行。

第一审法院认为情况特殊，需要由第二审法院执行的，可以报请第二审法院执行；第二审法院可以决定由其执行，也可以决定由第一审法院执行。

2. 行政诉讼案件执行中的执行申请人或被申请执行人一方是行政机关。

对发生法律效力的行政判决书、行政裁定书、行政赔偿判决书和行政调解书，负有义务的一方当事人拒绝履行的，对方当事人可以依法申请法院强制执行。

法院判决行政机关履行行政赔偿、行政补偿或者其他行政给付义务，行政机关拒不履行的，对方当事人可以依法向法院申请强制执行。

3. 强制执行的依据是已经生效的行政裁判法律文书，包括行政判决书、行政裁定书、行政赔偿判决书和行政调解书。

4. 强制执行的目的是实现已经生效的法律文书所确定的义务。

问：行政机关申请执行其行政行为（非诉行政案件），应当具备哪些条件？

答：行政机关申请执行其行政行为，应当具备以下条件：

1. 行政行为依法可以由人民法院执行；

2. 行政行为已经生效并具有可执行内容；

3. 申请人是作出该行政行为的行政机关或者法律、法规、规章授权的组织；

4. 被申请人是该行政行为所确定的义务人；

5. 被申请人在行政行为确定的期限内或者行政机关催告期限内未履行义务；

6. 申请人在法定期限内提出申请；

7. 被申请执行的行政案件属于受理执行申请的人民法院管辖。

行政机关申请人民法院执行，应当提交《中华人民共和国行政强制法》第五十五条规定的相关材料。

法院对符合条件的申请，应当在五日内立案受理，并通知申请人；对不符合条件的申请，应当裁定不予受理。行政机关对不予受理裁定有异议，在十五日内向上一级人民法院申请复议的，上一级人民法院应当在收到复议申请之日起十五日内作出裁定。

问：行政机关申请执行其行政行为的期限及管辖法院有什么规定？

答：没有强制执行权的行政机关申请法院强制执行其行政行为，

应当自被执行人的法定起诉期限届满之日起三个月内提出。逾期申请的，除有正当理由外，人民法院不予受理。

行政机关申请人民法院强制执行其行政行为的，由申请人所在地的基层人民法院受理；执行对象为不动产的，由不动产所在地的基层人民法院受理。

基层人民法院认为执行确有困难的，可以报请上级人民法院执行；上级人民法院可以决定由其执行，也可以决定由下级人民法院执行。

问：公民、法人或者其他组织直接向法院提起诉讼的法定起诉期限是多久？

答：1. 提起诉讼的期限。公民、法人或者其他组织直接向法院提起诉讼的，应当自知道或者应当知道作出行政行为之日起六个月内提出，法律另有规定的除外。因不动产提起诉讼的案件自行政行为作出之日起超过二十年，其他案件自行政行为作出之日起超过五年提起诉讼的，人民法院不予受理。

2. 申请复议的期限。公民、法人或者其他组织认为具体行政行为侵犯其合法权益的，可以自知道该具体行政行为之日起六十日内提出行政复议申请；但是法律规定的申请期限超过六十日的除外。

因不可抗力或者其他正当理由耽误法定申请期限的，申请期限自障碍消除之日起继续计算。

问：法院对非诉行政案件执行的申请应当审查什么？如何处理？哪些情形应当裁定不准予执行？

答：法院受理行政机关申请执行其行政行为的案件后，应当在七日内由行政审判庭对行政行为的合法性进行审查，并作出是否准予执行的裁定。

法院在作出裁定前发现行政行为明显违法并损害被执行人合法权益的，应当听取被执行人和行政机关的意见，并自受理之日起三十日内作出是否准予执行的裁定。需要采取强制执行措施的，由本院负责强制执行非诉行政行为的机构执行。

（二）法院裁判的理由

因某建材公司未主动缴纳罚款，经催告后仍拒不履行，某环境保护局向法院申请强制执行。法院受理后依法组成合议庭，对申请强制执行的《行政处罚决定书》的合法性进行了审查。法院裁定：不准予强制执行某环境保护局作出的《行政处罚决定书》及 2016 年 7 月 1 日至 2017 年 2 月 12 日止的罚款滞纳金 12 万元。

法院认为，根据《中华人民共和国大气污染防治法》的规定，某环境保护局有权对某建材公司违反《中华人民共和国大气污染防治法》的行为进行处罚，但是，某环境保护局对某建材公司的《行政处罚决定书》违反了"先取证、后裁决"的法定程序规则，即只有在完成行政程序所要求的各项取证工作后，才能依法作出行政行为。

《中华人民共和国行政处罚法》规定，公民、法人或者其他组织违反行政管理秩序的行为，依法应当给予行政处罚的，行政机关必须查明事实，违法事实不清的，不得给予行政处罚。某环境保护局依据《中华人民共和国大气污染防治法》的规定，在 2016 年 6 月 15 日作出《行政处罚决定书》，决定对建材公司处以 12 万元罚款，但是在 2016 年 7 月 20 日才取得废气检测报告。也就是说，某环境保护局在作出行政处罚决定时，没有查明某建材公司排放的气体中的污染物浓度是否达到有害程度、是否已造成大气污染、是否属于大气污染物或者超过大气污染物排放标准、是否超过重点大气污染物排放总量控制指标排放大气污染物。某环境保护局对某建材公司的《行政处罚决定书》是"先裁决、后取证"，违反了法定程序规则，因此，法院依法裁定对某环境保护局的强制执行申请不予准许。

（三）法院裁判的法律依据

《中华人民共和国大气污染防治法》：

第十九条　排放工业废气或者本法第七十八条规定名录中所列有毒有害大气污染物的企业事业单位、集中供热设施的燃煤热源生产运营单位以及其他依法实行排污许可管理的单位，应当取得排污许可证。排污许可的具体办法和实施步骤由国务院规定。

第七十八条　国务院环境保护主管部门应当会同国务院卫生行政部门，根据大气污染物对公众健康和生态环境的危害和影响程度，公布有毒有害大气污染物名录，实行风险管理。

排放前款规定名录中所列有毒有害大气污染物的企业事业单位，应当按照国家有关规定建设环境风险预警体系，对排放口和周边环境进行定期监测，评估环境风险，排查环境安全隐患，并采取有效措施防范环境风险。

第九十九条　违反本法规定，有下列行为之一的，由县级以上人民政府环境保护主管部门责令改正或者限制生产、停产整治，并处十万元以上一百万元以下的罚款；情节严重的，报经有批准权的人民政府批准，责令停业、关闭：

（一）未依法取得排污许可证排放大气污染物的；

（二）超过大气污染物排放标准或者超过重点大气污染物排放总量控制指标排放大气污染物的；

（三）通过逃避监管的方式排放大气污染物的。

《中华人民共和国行政处罚法》：

第三十条　公民、法人或者其他组织违反行政管理秩序的行为，依法应当给予行政处罚的，行政机关必须查明事实；违法事实不清的，不得给予行政处罚。

《中华人民共和国行政诉讼法》：

第三十四条　被告对作出的行政行为负有举证责任，应当提供作出该行政行为的证据和所依据的规范性文件。

被告不提供或者无正当理由逾期提供证据，视为没有相应证据。但是，被诉行政行为涉及第三人合法权益，第三人提供证据的除外。

（四）上述案例的启示

本案的启示是行政处罚一定要遵循处罚法定原则，否则处罚决定无效。

行政处罚法定原则是指具有行政处罚权的行政机关和法律法规授权的组织在法定权限内，依据法定程序，对违反行政法律规范的公民、法人或其他组织，应当给予行政处罚的行为实施行政处罚。行政处罚法定原则包括下列内容：

1.处罚的依据是法定的。包括：（1）判断相对人行为是否违法的标准应当是法定的，即所谓"法无禁止规定不为过"。（2）"法无明文规定不得给予行政处罚"。（3）对相对人给予何种行政处罚必须要有法定的依据。

2.实施处罚的主体是法定的。必须由具有法定行政处罚权的行政主体（行政机关和法律、法规授权的组织）实施或适用。

3.实施处罚的职权是法定的。由具有法定行政处罚权的行政主体（行政机关和法律、法规授权的组织）实施或适用。

4.处罚程序是法定的。公民、法人或者其他组织违反行政管理秩序的行为，应当给予行政处罚的，依照《中华人民共和国行政处罚法》由法律、法规或者规章规定，并由行政机关依照《中华人民共和国行政处罚法》规定的程序实施。没有法定依据或者不遵守法定程序的，行政处罚无效。

5.行政处罚的设定权是法定的。行政处罚的设定权只能由法律规定的国家机关在法定职权范围内行使。

本案就是因为某环境保护局的《行政处罚决定书》没有遵循行政处罚法定原则，即违反了法定程序规则，法院裁定不予执行。

第三部分　刑事篇

案例一　犯失职罪进监狱，表现良好被减刑

一、引子和案例

（一）案例简介

认真遵守法律法规及监督，接受教育改造，表现良好有可能被减刑。

2017 年 8 月 29 日，湖北省高级人民法院裁定，将彭某的刑罚减去有期徒刑七个月（刑期至 2019 年 11 月 27 日止）。

彭某原系某市环境保护局副局长，因犯环境监管失职罪判处有期徒刑一年；犯受贿罪，判处有期徒刑六年，决定执行有期徒刑六年六个月（刑期自 2013 年 12 月 28 日起至 2020 年 6 月 27 日止）。判决发生法律效力后，于 2015 年 1 月 21 日交付执行，在监狱服刑。彭某入狱的原因是牵涉某省重大砷污染案。

李某等人分别成立或经营了包括某县 J 矿业有限公司在内的 6 家企业，从事冰铜、冰镍冶炼。上述企业放任砷污染气体的排放，含砷污染物产生量共计 680 多吨，严重污染该地区环境，导致 49 名村民砷中毒，118 人被检出尿砷超标，造成公私财产损失 86 万多元，其他各项损失 740 多万元。

　　2013 年 10 月，湖北省某市某县 D 镇 9 名村民出现食欲缺乏、四肢乏力、头晕心悸等症状，其中两位老人出现呼吸困难、抽搐、昏迷等危重症状。经武汉市职业病医院确诊，D 镇村民症状为"砷中毒"。2013 年 11 月 6 日，已初步确诊慢性砷中毒人员达 30 名，达到刑事立案的标准。

　　环保部门的检测结论和专家的论证报告也认定中毒确系某县 6 家涉案企业长期非法排放含砷污染物所致。6 家企业排放的含砷污染气体中，以 Y 公司砷超标最为严重，超过国家标准 247 倍。2008 年至 2013 年，6 家企业累计非法排放砷污染物 684.01 吨，均不同程度地存在不遵守行业行政管理、不办环评手续、不按要求进行整改、放任含砷污染气体排放等情况。

　　2014 年 12 月 25 日，某县 D 镇砷污染案在某市区人民法院开审，某县 6 家涉砷污染案企业的 14 名被告人受审。

　　检方指控，14 名犯罪嫌疑人为了牟取暴利，不顾污染环境造成的后果，导致农民种植的庄稼死亡，村民出现尿砷超标的症状，严重损害他人身体健康，涉嫌犯污染环境罪。同时，李 A、李 B 等 3 名犯罪嫌疑人还涉嫌犯非法占用农用地罪。

　　7 名官员在此案中被追究刑责。原某市环境保护局副局长彭某、原某市经济技术开发区环保局局长洪某、原某县环保局副局长吴某、原某县环保局副局长王某、原某县环保局环境监察大队大队长姜某均因犯环境监管失职罪、受贿罪被判处有期徒刑。

　　其中彭某被判处有期徒刑六年六个月，洪某被判处有期徒刑二年。彭某因不认真履行职责，未采取有效措施对企业的违法生产行为予以制止，长期放纵企业违法处置危险废物，致使企业长期向周边居民区排放砷含量超标的废气，严重环境污染，造成 49 人砷中毒和 863,159 元经济损失的严重后果。

（二）裁判结果

彭某入狱后，认真遵守法律法规及监规，接受教育改造；积极参加思想、文化、职业技术教育；积极参加劳动，努力完成劳动任务，确有悔改表现，法院将彭某的刑罚减去有期徒刑七个月。

与案例相关的问题：

什么是砷污染？砷中毒的危害有哪些？

减刑的对象条件及其限制有哪些？

什么是"可以"减刑的实质条件？

什么是"应当"减刑的实质条件？

"确有悔改表现"是指同时具备哪些条件？

具有哪些情形可以认定为有"立功表现"？

减刑的限度和幅度有哪些？

二、相关知识

问：什么是砷污染？砷中毒的危害有哪些？

答：砷污染是指由砷或其化合物所引起的环境污染，包括对大气、土壤、水等的污染。砷和含砷金属的开采、冶炼，用砷或砷化合物作原料的生产以及煤的燃烧等过程，都可能产生含砷的废水、废气和废渣，对环境造成污染。砷和砷化物一般可通过水、大气和食物等途径进入人体，造成危害。

慢性砷中毒对人身健康的损害也许若干年后才出现。急性砷中毒主要损害胃肠道系统、呼吸系统、皮肤和神经系统。

三、与案件相关的法律问题

（一）学理知识

问：减刑的对象条件及其限制有哪些？

答：减刑只能适用于特定的对象，只适用于被判处管制、拘役、有期徒刑、无期徒刑的犯罪分子。

对被判处死刑缓期执行的累犯以及因故意杀人、强奸、抢劫、绑架、放火、爆炸、投放危险物质或者有组织的暴力性犯罪被判处死刑缓期执行的犯罪分子，法院根据犯罪情节等情况可以同时决定对其限制减刑。

问：什么是"可以"减刑的实质条件？

答：减刑的实质条件是指法律规定对犯罪人提出的减刑必须具备的实体条件，分为"可以"减刑的实质条件和"应当"减刑的实质条件。

"可以"减刑的实质条件是被判处管制、拘役、有期徒刑、无期徒刑的犯罪分子，在执行期间，如果认真遵守监规，接受教育改造，确有悔改表现的，或者有立功表现的，可以减刑。

问：什么是"应当"减刑的实质条件？

答："应当"减刑的实质条件是犯罪分子在刑罚执行期间有重大立功表现，应当减刑。

重大立功表现包括下列情形：

1. 阻止他人重大犯罪活动的；

2. 检举监狱内外重大犯罪活动，经查证属实的；

3. 有发明创造或者重大技术革新的；

4. 在日常生产、生活中舍己救人的；

5. 在抗御自然灾害或者排除重大事故中，有突出表现的；

6. 对国家和社会有其他重大贡献的。

问："确有悔改表现"是指同时具备哪些条件？

答："确有悔改表现"是指同时具备以下条件：

1. 认罪悔罪；

2. 遵守法律法规及监规，接受教育改造；

3. 积极参加思想、文化、职业技术教育；

4. 积极参加劳动，努力完成劳动任务。

对职务犯罪、破坏金融管理秩序和金融诈骗犯罪、组织（领导、参加、包庇、纵容）黑社会性质组织犯罪等罪犯，不积极退赃、协助追缴赃款赃物、赔偿损失，或者服刑期间利用个人影响力和社会关系等不正当手段意图获得减刑、假释的，不认定其"确有悔改表现"。

问：具有哪些情形可以认定为有"立功表现"？

答：具有下列情形之一的，可以认定为有"立功表现"：

1. 阻止他人实施犯罪活动的；

2. 检举、揭发监狱内外犯罪活动，或者提供重要的破案线索，经查证属实的；

3. 协助司法机关抓捕其他犯罪嫌疑人的；

4. 在生产、科研中进行技术革新，成绩突出的；

5. 在抗御自然灾害或者排除重大事故中，表现积极的；

6. 对国家和社会有其他较大贡献的。

第 4 项、第 6 项中的技术革新或者其他较大贡献应当由罪犯在刑罚执行期间独立或者为主完成，并经省级主管部门确认。

问：减刑的限度和幅度有哪些？

答：减刑以后实际执行的刑期不能少于下列期限：

1. 判处管制、拘役、有期徒刑的，不能少于原判刑期的二分之一；

2. 判处无期徒刑的，不能少于十三年；

3. 对被判处死刑缓期执行的累犯以及因故意杀人、强奸、抢劫、绑架、放火、爆炸、投放危险物质或者有组织的暴力性犯罪被判处死刑缓期执行的犯罪分子，法院根据犯罪情节等情况可以同时决定对其限制减刑的，缓期执行期满后依法减为无期徒刑的，实际执行的刑期不能少于二十五年；缓期执行期满后依法减为二十五年有期徒刑的，实际执行的刑期不能少于二十年。

（二）法院裁判的理由

上述案例是环境监管失职罪、受贿罪减刑裁定案件。

1. 从减刑的条件看，符合法律规定。

罪犯彭某属于减刑的对象，彭某的刑罚是有期徒刑，不属于限制减刑的范围，符合可以减刑的实质条件。罪犯彭某能认罪悔罪；认真遵守法律法规及监规，接受教育改造；积极参加思想、文化、职业技术教育；积极参加劳动，努力完成劳动任务，确有悔改表现，依法可以减刑。

法院将彭某的刑罚减去有期徒刑七个月，符合减刑以后实际执行的刑期不少于原判刑期的二分之一的规定。

2. 从减刑的程序看，符合法律规定。

执行机关某监狱提出减刑建议书，报送省高级人民法院审理，将本案的有关情况在省法院司法公开网予以公示，公示期间未收到异议；法院依法组成合议庭在某监狱公开开庭审理了本案。

关于减刑裁定的管辖，刑法规定，对于犯罪分子的减刑，由执行机关向中级以上人民法院提出减刑建议书。人民法院应当组成合议庭进行审理，对确有悔改表现或者立功事实的，裁定予以减刑。非经法定程序不得减刑。

高级人民法院对本案有管辖权，依据是《湖北省高级人民法院、湖北省人民检察院、湖北省公安厅、湖北省司法厅关于印发〈关于办理减刑、假释案件的实施办法（试行）〉的通知》第四十三条规定："死刑缓期执行和无期徒刑罪犯的减刑，以及湖北省洪山监狱提请的减刑、假释，由省高级人民法院管辖。有期徒刑（包括减为有期徒刑）、管制和拘役罪犯的减刑、假释，由罪犯服刑地中级人民法院管辖；沙洋监狱管理局所属监狱提请的有期徒刑（包括减为有期徒刑）的减刑、假释，由沙洋人民法院管辖。"

基于以上理由，对罪犯彭某的减刑裁定，符合法律规定。

（三）法院裁判的法律依据

《中华人民共和国刑法》：

第七十八条　被判处管制、拘役、有期徒刑、无期徒刑的犯罪分子，在执行期间，如果认真遵守监规，接受教育改造，确有悔改表现的，或者有立功表现的，可以减刑。

第七十九条　对于犯罪分子的减刑，由执行机关向中级以上人民法院提出减刑建议书。人民法院应当组成合议庭进行审理，对确有悔改或者立功事实的，裁定予以减刑。非经法定程序不得减刑。

《最高人民法院关于办理减刑、假释案件具体应用法律的规定》

第三条　"确有悔改表现"是指同时具备以下条件：

（一）认罪悔罪；

（二）遵守法律法规及监规，接受教育改造；

（三）积极参加思想、文化、职业技术教育；

（四）积极参加劳动，努力完成劳动任务。

对职务犯罪、破坏金融管理秩序和金融诈骗犯罪、组织（领导、参加、包庇、纵容）黑社会性质组织犯罪等罪犯，不积极退赃、协助追缴赃款赃物、赔偿损失，或者服刑期间利用个人影响力和社会关系等不正当手段意图获得减刑、假释的，不认定其"确有悔改表现"。

罪犯在刑罚执行期间的申诉权利应当依法保护，对其正当申诉不能不加分析地认为是不认罪悔罪。

第六条　被判处有期徒刑的罪犯减刑起始时间为：不满五年有期徒刑的，应当执行一年以上方可减刑；五年以上不满十年有期徒刑的，应当执行一年六个月以上方可减刑；十年以上有期徒刑的，应当执行二年以上方可减刑。有期徒刑减刑的起始时间自判决执行之日起计算。

确有悔改表现或者有立功表现的，一次减刑不超过九个月有期徒刑；确有悔改表现并有立功表现的，一次减刑不超过一年有期徒刑；有重大立功表现的，一次减刑不超过一年六个月有期徒刑；确有悔改表现并有重大立功表现的，一次减刑不超过二年有期徒刑。

被判处不满十年有期徒刑的罪犯，两次减刑间隔时间不得少于一年；被判处十年以上有期徒刑的罪犯，两次减刑间隔时间不得少于一年六个月。减刑间隔时间不得低于上次减刑减去的刑期。

罪犯有重大立功表现的，可以不受上述减刑起始时间和间隔时间的限制。

《中华人民共和国刑事诉讼法》（2012年版）：

第二百六十二条　罪犯在服刑期间又犯罪的，或者发现了判决的时候所没有发现的罪行，由执行机关移送人民检察院处理。

被判处管制、拘役、有期徒刑或者无期徒刑的罪犯，在执行期间确有悔改或者立功表现，应当依法予以减刑、假释的时候，由执行机关提出建议书，报请人民法院审核裁定，并将建议书副本抄送人民检察院。人民检察院可以向人民法院提出书面意见。

《最高人民法院关于适用〈中华人民共和国刑事诉讼法〉的解释》：

第四百四十九条第一款第（三）（四）项、第二款　对减刑、假释案件，应当按照下列情形分别处理：

（三）对被判处有期徒刑和被减为有期徒刑的罪犯的减刑、假释，由罪犯服刑地的中级人民法院，在收到执行机关提出的减刑、假释建议书后一个月内作出裁定，案情复杂或者情况特殊的，可以延长一个月；

（四）对被判处拘役、管制的罪犯的减刑，由罪犯服刑地中级人民法院，在收到同级执行机关审核同意的减刑、假释建议书后一个月内作出裁定。

对暂予监外执行罪犯的减刑，应当根据情况，分别适用前款的有关规定。

《最高人民法院关于减刑、假释案件审理程序的规定》：

第六条　人民法院审理减刑、假释案件，可以采取开庭审理或者书面审理的方式。但下列减刑、假释案件，应当开庭审理：

（一）因罪犯有重大立功表现报请减刑的；

（二）报请减刑的起始时间、间隔时间或者减刑幅度不符合司法解释一般规定的；

（三）公示期间收到不同意见的；

（四）人民检察院有异议的；

（五）被报请减刑、假释罪犯系职务犯罪罪犯，组织（领导、参加、包庇、纵容）黑社会性质组织犯罪罪犯，破坏金融管理秩序和金融诈骗犯罪罪犯及其他在社会上有重大影响或社会关注度高的；

（六）人民法院认为其他应当开庭审理的。

（四）上述案例的启示

官员要有法律意识，要依法认真履行职责，否则可能承担不利的后果。

　　彭某作为原市环境保护局副局长，如果认真履行环境监管的职责，采取有效措施对企业的违法生产行为予以制止，不放纵企业违法处置危险废物，污染企业就不可能长期向周边居民区排放砷含量超标的废气，不会造成 49 人砷中毒和 863,159 元经济损失的严重后果。

　　环境监管失职罪是指负有环境保护监督管理职责的国家机关工作人员严重不负责任，导致发生重大环境污染事故，致使公私财产遭受重大损失或者造成人身伤亡的严重后果的行为。

　　负有环境保护监督管理职责的国家机关工作人员严重不负责任、导致发生重大环境污染事故，致使公私财产损失三十万元以上，或者具有以下情形之一的，应当认定为"致使公私财产遭受重大损失或者严重危害人体健康"或者"致使公私财产遭受重大损失或者造成人身伤亡的严重后果"。

　　1. 造成生态环境严重损害的；

　　2. 致使乡镇以上集中式饮用水水源取水中断十二小时以上的；

　　3. 致使基本农田、防护林地、特种用途林地五亩以上，其他农用地十亩以上，其他土地二十亩以上基本功能丧失或者遭受永久性破坏的；

　　4. 致使森林或者其他林木死亡五十立方米以上，或者幼树死亡二千五百株以上的；

　　5. 致使疏散、转移群众五千人以上的；

　　6. 致使三十人以上中毒的；

　　7. 致使三人以上轻伤、轻度残疾或者器官组织损伤导致一般功能障碍的；

　　8. 致使一人以上重伤、中度残疾或者器官组织损伤导致严重功能障碍的。

案例二　无证冶炼蓄电池，污染环境被判刑

一、引子和案例

（一）案例简介

未取得营业执照和经营许可证就私自开厂，且造成污染，最后难逃法律的制裁。

检察院指控：自 2017 年 6 月起，张某在未取得营业执照和危险废物经营许可证的情况下，私自建设废铅蓄电池冶炼厂，雇用 8 名工人，购进废旧铅蓄电池进行拆解熔化，提取铅锭销售牟利，非法冶炼废铅蓄电池 120 吨，提取铅块 60 余吨，出售 40 余吨，由于厂里环保设施不配套，无废气、废水处理设备，生产所产生的废气直接排放，废水未经处理通过地下管道直接外排至厂外北侧的自然沟内。

某公安局 A 分局配合市环保局联合执法，在该厂区查获遗留的废铅蓄电池 107.94 吨、废铅蓄电池拆解过程中产生的废铅板 37.76 吨、废铅蓄电池外壳 8.1 吨、再生过程中集尘装置收集的铅尘 25.32 吨、粗铅精炼过程中产生的浮渣 23.66 吨、冶炼成品铅锭 21.84 吨，以上危险废物共计 224.62 吨。

经市环境监测站取样监测，该厂金属熔炼炉产生的废气中二氧化

硫浓度为 4032mg/m³，超过《再生铜、铝、铅、锌工业污染物排放标准》（GB31574-2015）表 3 大气污染物排放限值 150mg/m³ 的 25.88 倍；废铅蓄电池拆解车间排口废水中 pH 值为 2.11，呈强酸性，超过标准；化学需氧量 387mg/L、石油类 6.8mg/L、氨氮 89.1mg/L、总锌 4.39mg/L、总铅 7.41mg/L、总镍 0.79mg/L、总镉 0.28mg/L、总铬 3.71mg/L，对比《再生铜、铝、铅、锌工业污染物排放标准》（GB31574-2015）表 1 水污染物排放限值（化学需氧量 50mg/L、石油类 3mg/L、氨氮 8mg/L、总锌 1mg/L、总铅 0.2mg/L、总镍 0.1mg/L、总镉 0.01mg/L、总铬 0.5mg/L），化学需氧量超过 6.74 倍、石油类超过 1.27 倍、氨氮超过 10.1 倍、总锌超过 3.39 倍、总铅超过 36.05 倍、总镍超过 6.9 倍、总镉超过 27 倍、总铬超过 6.42 倍。

公诉机关向法庭提交了被告人供述、证人证言、鉴定意见、现场勘验笔录及相关书证，认为张某违反国家规定，倾倒或处置有毒物质，严重污染环境，其行为已触犯《中华人民共和国刑法》第三百三十八条之规定，犯罪事实清楚，证据确实充分，应当以污染环境罪追究其刑事责任。

（二）裁判结果

法院判决张某犯污染环境罪，处有期徒刑二年，缓刑三年，并处罚金人民币 1 万元。

与案例相关的问题：

什么是社区矫正？

哪些情形应当认定为"污染环境罪"中的"严重污染环境"？

哪些情形应当认定为"污染环境罪"中的"后果特别严重"？

哪些物质应当认定为"污染环境罪"中的"有毒物质"？

什么是污染环境罪？污染环境罪的构成条件是什么

污染环境罪的刑事责任是什么？

实施《中华人民共和国刑法》第三百三十八条（污染环境罪）规定的犯罪行为，哪些情形应当从重处罚？

二、相关知识

问：什么是社区矫正？

答：社区矫正是指让符合法定条件的罪犯不监禁在社区中执行刑罚。

社区矫正对象有对判处管制的犯罪分子，依法实行社区矫正；对宣告缓刑的犯罪分子，在缓刑考验期限内，依法实行社区矫正；对假释的犯罪分子，在假释考验期限内，依法实行社区矫正；对被判处管制、宣告缓刑、假释或者暂予监外执行的罪犯，依法实行社区矫正，由社区矫正机构负责执行。

三、与案件相关的法律问题

问：哪些情形应当认定为"污染环境罪"中的"严重污染环境"？

答：实施《中华人民共和国刑法》第三百三十八条（污染环境罪）规定的行为，具有下列情形之一的，应当认定为"严重污染环境"：

（一）在饮用水水源一级保护区、自然保护区核心区排放、倾倒、处置有放射性的废物、含传染病病原体的废物、有毒物质的；

（二）非法排放、倾倒、处置危险废物三吨以上的；

（三）排放、倾倒、处置含铅、汞、镉、铬、砷、铊、锑的污染物，超过国家或者地方污染物排放标准三倍以上的；

（四）排放、倾倒、处置含镍、铜、锌、银、钒、锰、钴的污染物，超过国家或者地方污染物排放标准十倍以上的；

（五）通过暗管、渗井、渗坑、裂隙、溶洞、灌注等逃避监管的方式排放、倾倒、处置有放射性的废物、含传染病病原体的废物、有毒物质的；

（六）二年内曾因违反国家规定，排放、倾倒、处置有放射性的废物、含传染病病原体的废物、有毒物质受过两次以上行政处罚，又实施前列行为的；

（七）重点排污单位篡改、伪造自动监测数据或者干扰自动监测设施，排放化学需氧量、氨氮、二氧化硫、氮氧化物等污染物的；

（八）违法减少防治污染设施运行支出一百万元以上的；

（九）违法所得或者致使公私财产损失三十万元以上的；

（十）造成生态环境严重损害的；

（十一）致使乡镇以上集中式饮用水水源取水中断十二小时以上的；

（十二）致使基本农田、防护林地、特种用途林地五亩以上，其他农用地十亩以上，其他土地二十亩以上基本功能丧失或者遭受永久性破坏的；

（十三）致使森林或者其他林木死亡五十立方米以上，或者幼树死亡二千五百株以上的；

（十四）致使疏散、转移群众五千人以上的；

（十五）致使三十人以上中毒的；

（十六）致使三人以上轻伤、轻度残疾或者器官组织损伤导致一般功能障碍的；

（十七）致使一人以上重伤、中度残疾或者器官组织损伤导致严重功能障碍的；

（十八）其他严重污染环境的情形。

问：哪些情形应当认定为"污染环境罪"中的"后果特别严重"？

答：实施《中华人民共和国刑法》第三百三十八条（污染环境罪）规定的行为，具有下列情形之一的，应当认定为"后果特别严重"：

（一）致使县级以上城区集中式饮用水水源取水中断十二小时以上的；

（二）非法排放、倾倒、处置危险废物一百吨以上的；

（三）致使基本农田、防护林地、特种用途林地十五亩以上，其他农用地三十亩以上，其他土地六十亩以上基本功能丧失或者遭受永久性破坏的；

（四）致使森林或者其他林木死亡一百五十立方米以上，或者幼树死亡七千五百株以上的；

（五）致使公私财产损失一百万元以上的；

（六）造成生态环境特别严重损害的；

（七）致使疏散、转移群众一万五千人以上的；

（八）致使一百人以上中毒的；

（九）致使十人以上轻伤、轻度残疾或者器官组织损伤导致一般功能障碍的；

（十）致使三人以上重伤、中度残疾或者器官组织损伤导致严重功能障碍的；

（十一）致使一人以上重伤、中度残疾或者器官组织损伤导致严重功能障碍，并致使五人以上轻伤、轻度残疾或者器官组织损伤导致一般功能障碍的；

（十二）致使一人以上死亡或者重度残疾的；

（十三）其他后果特别严重的情形。

问：哪些物质应当认定为"污染环境罪"中的"有毒物质"？

答：下列物质应当认定为《中华人民共和国刑法》第三百三十八条（污染环境罪）规定的"有毒物质"：

（一）危险废物，是指列入国家危险废物名录，或者根据国家规定的危险废物鉴别标准和鉴别方法认定的，具有危险特性的废物；

（二）《关于持久性有机污染物的斯德哥尔摩公约》附件所列物质；

（三）含重金属的污染物；

（四）其他具有毒性，可能污染环境的物质。

（一）学理知识

问：什么是污染环境罪？污染环境罪的构成条件是什么？

答：污染环境罪是指违反国家规定，排放、倾倒或者处置有放射性的废物、含传染病病原体的废物、有毒物质或者其他有害物质，严重污染环境的行为。

污染环境罪的构成要件包括以下内容：

1. 客体要件。污染环境罪侵犯的客体是国家防治环境污染的管理制度。

国家制定了《中华人民共和国环境保护法》《中华人民共和国大气污染防治法》《中华人民共和国水污染防治法》《中华人民共和国海洋环境保护法》《中华人民共和国固体废物污染环境防治法》《放射性同位素与射线装置放射防护条例》《工业"三废"排放试行标准》《农药安全使用规定》等法律、法规。违反这些法律、法规的规定，构成犯罪的行为，就是侵犯国家对环境的保护管理制度。

2. 客观要件。污染环境罪在客观方面表现为违反国家规定，排放、倾倒或者处置有放射性的废物、含传染病病原体的废物、有毒物质或者其他有害物质，严重污染环境或后果特别严重。

3. 主体要件。污染环境罪的主体为一般主体，即凡是达到刑事责任年龄具有刑事责任能力的人，均可构成本罪。单位可以成为本罪主体。

4. 主观要件。污染环境罪在主观方面表现为过失。行为人应当预见到自己的排放、倾倒或者处置行为可能导致严重污染环境的结果，因为疏忽大意而没有预见，或者已经预见而轻信可以避免，以致严重污染环境的危害结果发生。行为人在实施污染环境行为（排放、倾倒或者处置有放射性的废物、含传染病病原体的废物、有毒物质或者其他有害物质）时可能是故意的，也可能是过失，但是行为人对于危害结果（严重污染环境）所持的心理状态是过失。

问：污染环境罪的刑事责任是什么？

答：严重污染环境的，处三年以下有期徒刑或者拘役，并处或者单处罚金；后果特别严重的，处三年以上七年以下有期徒刑，并处罚金。单位犯污染环境罪的，对单位判处罚金，并对其直接负责的主管人员和其他直接责任人员，结合"严重污染环境的""后果特别严重的"具体情况，依照刑法规定处罚。

问：实施《中华人民共和国刑法》第三百三十八条（污染环境罪）规定的犯罪行为，哪些情形应当从重处罚？

答：实施《中华人民共和国刑法》第三百三十八条（污染环境罪）规定的犯罪行为，具有下列情形之一的，应当从重处罚：

（一）阻挠环境监督检查或者突发环境事件调查，尚不构成妨害公务等犯罪的；

（二）在医院、学校、居民区等人口集中地区及其附近，违反国家规定排放、倾倒、处置有放射性的废物、含传染病病原体的废物、有毒物质或者其他有害物质的；

（三）在重污染天气预警期间、突发环境事件处置期间或者被责令限期整改期间，违反国家规定排放、倾倒、处置有放射性的废物、含传染病病原体的废物、有毒物质或者其他有害物质的；

（四）具有危险废物经营许可证的企业违反国家规定排放、倾倒、处置有放射性的废物、含传染病病原体的废物、有毒物质或者其他有害物质的。

（二）法院裁判的理由

张某对起诉书指控的事实和罪名均无异议。张某的辩护人认为张某开厂从事铅锭提炼时间较短，只有十余天，危害性不大；无犯罪前科，认罪态度较好，能够如实供述，符合坦白的条件，建议对其判处缓刑。

法院认为，张某违反国家规定，在未取得危险废物经营许可的情况下，排放、倾倒、处置有毒物质，严重污染环境，其行为已构成污染环境罪。公诉机关指控张某犯污染环境罪的事实清楚，证据确实、充分，罪名成立，法院予以支持。庭审中张某表示认罪悔罪，积极缴纳罚金，并经司法机关调查，符合社区矫正条件。法院综合考虑张某的犯罪性质、犯罪后果、认罪态度、社会危害性、缴纳罚金等量刑情节，依法判决张某犯污染环境罪，判处有期徒刑二年，缓刑三年，并处罚金人民币 1 万元。

（三）法院裁判的法律依据

《中华人民共和国刑法》：

第三十八条　管制的期限，为三个月以上二年以下。

判处管制，可以根据犯罪情况，同时禁止犯罪分子在执行期间从事特定活动，进入特定区域、场所，接触特定的人。

对判处管制的犯罪分子，依法实行社区矫正。

违反第二款规定的禁止令的，由公安机关依照《中华人民共和国治安管理处罚法》的规定处罚。

第七十六条　对宣告缓刑的犯罪分子，在缓刑考验期限内，依法实行社区矫正，如果没有本法第七十七条规定的情形，缓刑考验期满，原判的刑罚就不再执行，并公开予以宣告。

第八十五条　对假释的犯罪分子，在假释考验期限内，依法实行社区矫正，如果没有本法第八十六条规定的情形，假释考验期满，就认为原判刑罚已经执行完毕，并公开予以宣告。

第三百三十八条　违反国家规定，排放、倾倒或者处置有放射性的废物、含传染病病原体的废物、有毒物质或者其他有害物质，严重污染环境的，处三年以下有期徒刑或者拘役，并处或者单处罚金；后果特别严重的，处三年以上七年以下有期徒刑，并处罚金。

第三百四十六条　单位犯本节第三百三十八条至第三百四十五条规定之罪的，对单位判处罚金，并对其直接负责的主管人员和其他直接责任人员，依照本节各该条的规定处罚。

第五十二条　判处罚金，应当根据犯罪情节决定罚金数额。

第五十三条　罚金在判决指定的期限内一次或者分期缴纳。期满不缴纳的，强制缴纳。对于不能全部缴纳罚金的，人民法院在任何时候发现被执行人有可以执行的财产，应当随时追缴。

由于遭遇不能抗拒的灾祸等原因缴纳确实有困难的，经人民法院裁定，可以延期缴纳、酌情减少或者免除。

第七十二条　对于被判处拘役、三年以下有期徒刑的犯罪分子，同时符合下列条件的，可以宣告缓刑，对其中不满十八周岁的人、怀孕的妇女和已满七十五周岁的人，应当宣告缓刑：

（一）犯罪情节较轻；

（二）有悔罪表现；

（三）没有再犯罪的危险；

（四）宣告缓刑对所居住社区没有重大不良影响。

宣告缓刑，可以根据犯罪情况，同时禁止犯罪分子在缓刑考验期限内从事特定活动，进入特定区域、场所，接触特定的人。

被宣告缓刑的犯罪分子，如果被判处附加刑，附加刑仍须执行。

第七十三条　拘役的缓刑考验期限为原判刑期以上一年以下，但是不能少于二个月。

有期徒刑的缓刑考验期限为原判刑期以上五年以下，但是不能少于一年。

缓刑考验期限，从判决确定之日起计算。

第七十四条　对于累犯和犯罪集团的首要分子，不适用缓刑。

第七十五条　被宣告缓刑的犯罪分子，应当遵守下列规定：

（一）遵守法律、行政法规，服从监督；

（二）按照考察机关的规定报告自己的活动情况；

（三）遵守考察机关关于会客的规定；

（四）离开所居住的市、县或者迁居，应当报经考察机关批准。

第七十六条　对宣告缓刑的犯罪分子，在缓刑考验期限内，依法实行社区矫正，如果没有本法第七十七条规定的情形，缓刑考验期满，原判的刑罚就不再执行，并公开予以宣告。

第七十七条　被宣告缓刑的犯罪分子，在缓刑考验期限内犯新罪或者发现判决宣告以前还有其他罪没有判决的，应当撤销缓刑，对新犯的罪或者新发现的罪作出判决，把前罪和后罪所判处的刑罚，依照本法第六十九条的规定，决定执行的刑罚。

被宣告缓刑的犯罪分子，在缓刑考验期限内，违反法律、行政法规或者国务院有关部门关于缓刑的监督管理规定，或者违反人民法院判决中的禁止令，情节严重的，应当撤销缓刑，执行原判刑罚。

《中华人民共和国刑事诉讼法》（2012 年版）：

第二百五十四条　对被判处有期徒刑或者拘役的罪犯，有下列情形之一的，可以暂予监外执行：

（一）有严重疾病需要保外就医的；

（二）怀孕或者正在哺乳自己婴儿的妇女；

（三）生活不能自理，适用暂予监外执行不致危害社会的。

对被判处无期徒刑的罪犯，有前款第二项规定情形的，可以暂予监外执行。

对适用保外就医可能有社会危险性的罪犯，或者自伤自残的罪犯，不得保外就医。

对罪犯确有严重疾病，必须保外就医的，由省级人民政府指定的医院诊断并开具证明文件。

在交付执行前，暂予监外执行由交付执行的人民法院决定；在交付执行后，暂予监外执行由监狱或者看守所提出书面意见，报省级以上监狱管理机关或者设区的市一级以上公安机关批准。

第二百五十八条　对被判处管制、宣告缓刑、假释或者暂予监外执行的罪犯，依法实行社区矫正，由社区矫正机构负责执行。

（四）上述案例的启示

在犯罪成立的前提下，缓刑对被告人来说是一个非常不错的结果。本案的张某就是被法院判决污染环境罪，处有期徒刑二年，缓刑三年，并处罚金人民币 1 万元。

案例三　非法堵塞采样器，自食其果被判刑

一、引子和案例

（一）案例简介

有的人因为刀枪犯了法，有的人居然因为棉球成了刑事案件的被告。

某市 Y 环境空气自动监测站（以下简称 Y 子站）系国家环境保护部（现生态环境部）确定的某市 13 个国控空气站点（监测网自动监测站点）之一，通过环境空气质量自动监测系统采集、处理监测数据，并将数据每小时传输发送至中国环境监测总站（以下简称监测总站），一方面通过网站实时向社会公布，一方面用于编制全国环境空气质量状况月报、季报和年报，向全国发布。

2016 年 2 月，当时担任某市环境保护局 A 分局局长的唐某为改变系统自动监测结果，在明知正常途径无法人为改变数据的情况下，仍授意当时任某市环境保护局 A 分局环境监测站站长的张某，无论采取任何手段都要降低监测数据。

至 2016 年 3 月 11 日间，在唐某的授意下，张某多次进入位于某市 B 区某座椅厂办公楼楼顶的 Y 子站内，用棉纱堵塞采样器的方法，

干扰子站内环境空气质量自动监测系统的数据采集功能，造成该站自动监测数据多次出现异常，多个时间段内数据严重失真，影响了 Y 子站自动监测系统正常运行。

2016 年 2 月和 3 月，Y 子站每小时的监测数据实时传输发送至中国环境监测总站，通过网站向社会公布，并用于环境保护部（现生态环境部）编制 2016 年 2 月和 3 月全国 74 个城市空气质量状况评价、排名表。

2016 年 3 月 5 日，中国环境监测总站在例行数据审核时发现某市 B 区子站数据明显偏低，检查时发现了 Y 子站监测数据弄虚作假的问题，后公安机关将张某、唐某抓获归案。

某市人民检察院指控被告人张某、唐某犯破坏计算机信息系统罪。

（二）裁判结果

法院根据二被告人犯罪的事实、犯罪的性质、情节和对社会的危害程度，依照《中华人民共和国刑法》等规定，以张某犯破坏计算机信息系统罪，判处有期徒刑一年零七个月；唐某犯破坏计算机信息系统罪，判处有期徒刑一年零五个月。

张某不服提出上诉，认为其行为虽然干扰了 Y 子站环境空气自动监测系统的数据采集功能，造成该站自动检测数据多次出现异常及数据失真，但并未影响国家环境空气质量自动监测系统正常运行，其行为未达到后果严重的程度；其自身系 Y 子站站长，进入 Y 子站有合法身份，并非非法潜入；案发时，《最高人民法院、最高人民检察院关于办理环境污染刑事案件适用法律若干问题的解释》并未颁布，原判适用该解释对其定罪量刑属适用法律错误，对其行为应认定为自首；请求撤销原判，宣告其无罪。

二审法院认为张某的上诉理由不能成立。原审判决定罪准确，量刑适当，审判程序合法。依照《中华人民共和国刑事诉讼法》的相关规定，裁定驳回上诉，维持原判。

与案例相关的问题：

环境监测数据造假行为有哪些危害？

什么是破坏计算机信息系统罪？

破坏计算机信息系统功能、数据或者应用程序，哪些情形应当认定为"后果严重""后果特别严重"？

哪些程序应当认定为"计算机病毒等破坏性程序"？

故意制作、传播计算机病毒等破坏性程序，影响计算机系统正常运行，哪些情形应当认定为"后果严重""后果特别严重"？

什么是共同犯罪？成立条件有哪些？

什么是主犯？主犯的刑事责任如何确定？

什么是量刑情节？什么是从轻处罚？

什么是自首？

二、相关知识

问：环境监测数据造假行为有哪些危害？

答：客观准确的环境空气质量监测数据是评价环境质量现状、公正考核地方空气质量治理效果和改善程度的依据，是环境管理决策的基础和保障，是满足公众环境知情权和监督权的前提。

篡改或伪造监测数据，是《中华人民共和国环境保护法》和《中华人民共和国大气污染防治法》所严格禁止的，具有严重的社会危害后果。

一是危害公众健康。

二是严重影响全国大气环境治理情况评估，影响公正性。国控空气站点自动监测数据造假，用造假的手段虚拟优良天数，造成国家对全国重点城市大气质量评价与排名有误，直接影响考核的客观性和公正性。

三是损害了政府公信力。环境监测数据造假侵害了公众依法享有的环境知情权，同时造成监测数据和客观环境状态、群众的真实感知严重不匹配，损害了政府公信力。

四是误导环境决策，严重影响地方政府治理污染措施的力度。

三、与案件相关的法律问题

（一）学理知识

问：什么是破坏计算机信息系统罪？

答：破坏计算机信息系统罪是指违反国家规定，对计算机信息系统功能进行删除、修改、增加、干扰，造成计算机信息系统不能正常运行；对计算机信息系统中存储、处理或者传输的数据和应用程序进行删除、修改、增加的操作；故意制作、传播计算机病毒等破坏性程序，影响计算机系统正常运行，后果严重的行为。

"计算机信息系统"和"计算机系统"是指具备自动处理数据功能的系统，包括计算机、网络设备、通信设备、自动化控制设备等。

本罪的主体为一般主体，即年满16周岁具有刑事责任能力的自然人均可构成本罪。

本罪所侵害的客体是计算机信息系统的安全。对象为各种计算机信息系统功能及计算机信息系统中存储、处理或者传输的数据和应用程序。

本罪在主观方面必须出于故意，过失不能构成本罪。

本罪在客观方面表现为违反国家规定，破坏计算机信息系统功能；

破坏计算机信息系统中存储、处理、传输的数据和应用程序；故意制作、传播计算机病毒等破坏性程序，影响计算机系统正常运行，后果严重的行为。

问：破坏计算机信息系统功能、数据或者应用程序，哪些情形应当认定为"后果严重""后果特别严重"？

答：破坏计算机信息系统功能、数据或者应用程序，具有下列情形之一的，应当认定为"后果严重"：

（一）造成十台以上计算机信息系统的主要软件或者硬件不能正常运行的；

（二）对二十台以上计算机信息系统中存储、处理或者传输的数据进行删除、修改、增加操作的；

（三）违法所得五千元以上或者造成经济损失一万元以上的；

（四）造成为一百台以上计算机信息系统提供域名解析、身份认证、计费等基础服务或者为一万以上用户提供服务的计算机信息系统不能正常运行累计一小时以上的；

（五）造成其他严重后果的。

破坏计算机信息系统功能、数据或者应用程序，具有下列情形之一的，应当认定为破坏计算机信息系统"后果特别严重"：

（一）数量或者数额达到上述第（一）项至第（三）项规定标准五倍以上的；

（二）造成为五百台以上计算机信息系统提供域名解析、身份认证、计费等基础服务或者为五万以上用户提供服务的计算机信息系统不能正常运行累计一小时以上的；

（三）破坏国家机关或者金融、电信、交通、教育、医疗、能源等领域提供公共服务的计算机信息系统的功能、数据或者应用程序，致使生产、生活受到严重影响或者造成恶劣社会影响的；

（四）造成其他特别严重后果的。

问：哪些程序应当认定为"计算机病毒等破坏性程序"？

答：具有下列情形之一的程序，应当认定为"计算机病毒等破坏性程序"：

（一）能够通过网络、存储介质、文件等媒介，将自身的部分、全部或者变种进行复制、传播，并破坏计算机系统功能、数据或者应用程序的；

（二）能够在预先设定条件下自动触发，并破坏计算机系统功能、数据或者应用程序的；

（三）其他专门设计用于破坏计算机系统功能、数据或者应用程序的程序。

问：故意制作、传播计算机病毒等破坏性程序，影响计算机系统正常运行，哪些情形应当认定为"后果严重""后果特别严重"？

答：故意制作、传播计算机病毒等破坏性程序，影响计算机系统正常运行，具有下列情形之一的，应当认定为"后果严重"：

（一）制作、提供、传输上一问回答部分第（一）项规定的程序，导致该程序通过网络、存储介质、文件等媒介传播的；

（二）造成二十台以上计算机系统被植入上一问回答部分第（二）、（三）项规定的程序的；

（三）提供计算机病毒等破坏性程序十人次以上的；

（四）违法所得五千元以上或者造成经济损失一万元以上的；

（五）造成其他严重后果的。

实施前款规定行为，具有下列情形之一的，应当认定为破坏计算机信息系统"后果特别严重"：

（一）制作、提供、传输上一问回答部分第（一）项规定的程序，导致该程序通过网络、存储介质、文件等媒介传播，致使生产、生活受到严重影响或者造成恶劣社会影响的；

（二）数量或者数额达到"后果严重"情形第（二）项至第（四）项规定标准五倍以上的；

（三）造成其他特别严重后果的。

问：什么是共同犯罪？成立条件有哪些？

答：共同犯罪是指二人以上共同故意犯罪。

二人以上共同过失犯罪，不以共同犯罪论处；应当负刑事责任的，按照他们所犯的罪分别处罚。

共同犯罪的成立条件：必须二人以上；必须有共同的犯罪故意；必须有共同的犯罪行为

1. 主体要件是必须二人以上。

共同犯罪的主体，必须是两个以上达到刑事责任年龄、具备刑事责任能力的人。这里所说的人，既指自然人，又包括单位。

2. 主观要件是必须有共同的犯罪故意。

共同故意包括两点：首先，共犯人都有犯罪故意；其次，共犯人都有相互协作的意思。

3. 客观要件是必须有共同的犯罪行为。

所谓共同的犯罪行为是指各共同犯罪人的行为指向同一犯罪事实，互相联系，相互配合，形成一个与犯罪结果有因果关系的有机整体。每一个犯罪人的犯罪行为，都是共同犯罪的有机组成部分。

问：什么是主犯？主犯的刑事责任如何确定？

答：组织、领导犯罪集团进行犯罪活动或者在共同犯罪中起主要作用的是主犯。

主犯包括两类：

一是组织、领导犯罪集团进行犯罪活动的犯罪分子，即犯罪集团中的首要分子。三人以上为共同实施犯罪而组成的较为固定的犯罪组织，是犯罪集团。

二是其他在共同犯罪中起主要作用的犯罪分子，即除犯罪集团的首要分子以外的在共同犯罪中对共同犯罪的形成、实施与完成起决定或重要作用的犯罪分子。

对于组织、领导犯罪集团的首要分子，按照集团所犯的全部罪行处罚，即除了对自己直接实施的具体犯罪及其结果承担刑事责任外，还要对集团成员按该集团犯罪计划所犯的全部罪行承担刑事责任。

对于犯罪集团的首要分子以外的主犯，应分两种情况处罚：对于组织、指挥共同犯罪的人，例如聚众共同犯罪中的首要分子，应当按照其组织、指挥的全部犯罪处罚；对于没有从事组织、指挥活动但在共同犯罪中起主要作用的人，例如盗窃集团中的首要分子以外的主犯，应按其参与的全部犯罪处罚。

问：什么是量刑情节？什么是从轻处罚？

答：量刑情节是指由刑事法律规定或认可的定罪事实以外的，体现犯罪行为社会危害程度和犯罪人的人身危险性大小，据以决定对犯罪人是否处刑以及处刑轻重所应当或可以考虑的各种事实情况。

从轻处罚，简称从轻，是在法定刑范围内对犯罪分子适用刑种较轻或刑期较短的刑罚。

问：什么是自首？

答：犯罪以后自动投案，如实供述自己的罪行的，是自首。对于自首的犯罪分子，可以从轻或者减轻处罚。其中，犯罪较轻的，可以免除处罚。

被采取强制措施的犯罪嫌疑人、被告人和正在服刑的罪犯，如实供述司法机关还未掌握的本人其他罪行的，以自首论。

犯罪嫌疑人虽不具有前两款规定的自首情节，但是如实供述自己罪行的，可以从轻处罚；因其如实供述自己的罪行，避免特别严重后果发生的，可以减轻处罚。

（二）法院裁判的理由

1. 一审法院的理由

一审法院认为，被告人张某违反国家规定，针对环境质量监测系统多次实施干扰采样的行为；被告人唐某授意张某干扰采样，二被告人的行为致使监测数据严重失真，失真的监测数据已实时发送至中国环境监测总站，并向社会公布，用于环境保护部（现生态环境部）编制环境质量评价的月报、季报，环境保护部（现生态环境部）亦在2016年2月和3月和第一季度的全国74个重点城市空气质量排名中采信上述虚假数据，已向社会公布并上报国务院，影响全国大气环境治理情况评估，影响公正性，损害了政府公信力，被告人张某、唐某的犯罪行为造成严重后果，均构成破坏计算机信息系统罪。

某市人民检察院指控被告人张某、唐某犯破坏计算机信息系统罪的犯罪事实成立，罪名及适用法律正确，应予支持。

被告人唐某对被告人张某有授意行为。被告人张某、唐某二人对伪造监测数据具有共同的故意，成立共同犯罪，均系主犯，但在主犯范围内，被告人张某亲自实施堵塞行为，作用相对较大，量刑时应当有所区分。

对二被告人的犯罪行为应依法予以惩处，鉴于二被告人到案后能坦白认罪，有悔罪表现，依法可以从轻处罚。

根据二被告人犯罪的事实、犯罪的性质、情节和对社会的危害程度，依照《中华人民共和国刑法》相关规定，以被告人张某犯破坏计算机信息系统罪，判处有期徒刑一年零七个月；被告人唐某犯破坏计算机信息系统罪，判处有期徒刑一年零五个月。

2. 二审法院的理由

二审法院经审理查明，原审判决认定上诉人张某、原审被告人唐某破坏计算机信息系统犯罪的事实清楚、正确，有经一审庭审质证、认证的证据证明，予以确认。

唐某明知张某采取了用棉纱堵塞采样器的方式降低监测数据后，仍通过打电话、发短信等方式授意张某不择手段降低监测数据，二人在共同犯罪中均起主要作用，均系主犯，均应依法予以惩处。

鉴于二人归案后能坦白认罪，有悔罪表现，依法可以从轻处罚。

对张某的上诉理由，经查，Y 子站作为国控子站，由市环境监测站负责运维，市环境保护局 A 分局及其监测站对 Y 子站既无运行维护之职，又无监督管理之责，张某为降低监测数据，多次进入 Y 子站，系非法进入；张某八次拆卸或者堵塞采样器干扰采样，造成了特定时间段内监测数据严重失真的后果，属于法律规定的"后果严重"的情形。

现有证据证明，2016 年 3 月 21 日，公安机关受理本案时已掌握唐某授意张某通过堵塞采样器的方法降低空气监测数据的证据，民警于 3 月 29 日依法传唤了张某、唐某，并刑事拘留，张某在公安机关已掌握其基本犯罪事实前无投案的主动性和自愿性，不构成自首；本案一审期间，《最高人民法院、最高人民检察院关于办理环境污染刑事案件适用法律若干问题的解释》已经颁布实施，原审适用该解释并无不当。

故张某的上诉理由不能成立。

综上，一审判决定罪准确，量刑适当，审判程序合法。依照《中华人民共和国刑事诉讼法》的相关规定，裁定驳回上诉，维持原判。

（三）法院裁判的法律依据

《中华人民共和国刑法》：

第二百八十六条 违反国家规定，对计算机信息系统功能进行删除、修改、增加、干扰，造成计算机信息系统不能正常运行，后果严重的，处五年以下有期徒刑或者拘役；后果特别严重的，处五年以上有期徒刑。

违反国家规定，对计算机信息系统中存储、处理或者传输的数据和应用程序进行删除、修改、增加的操作，后果严重的，依照前款的规定处罚。

故意制作、传播计算机病毒等破坏性程序，影响计算机系统正常运行，后果严重的，依照第一款的规定处罚。

第四十七条 有期徒刑的刑期，从判决执行之日起计算；判决执行以前先行羁押的，羁押一日折抵刑期一日。

第六十一条 对于犯罪分子决定刑罚的时候，应当根据犯罪的事实、犯罪的性质、情节和对于社会的危害程度，依照本法的有关规定判处。

第六十七条 犯罪以后自动投案，如实供述自己的罪行的，是自首。对于自首的犯罪分子，可以从轻或者减轻处罚。其中，犯罪较轻的，可以免除处罚。

被采取强制措施的犯罪嫌疑人、被告人和正在服刑的罪犯，如实供述司法机关还未掌握的本人其他罪行的，以自首论。

犯罪嫌疑人虽不具有前两款规定的自首情节，但是如实供述自己罪行的，可以从轻处罚；因其如实供述自己罪行，避免特别严重后果发生的，可以减轻处罚。

《最高人民法院、最高人民检察院关于办理环境污染刑事案件适用法律若干问题的解释》：

第十条　违反国家规定，针对环境质量监测系统实施下列行为，或者强令、指使、授意他人实施下列行为的，应当依照刑法第二百八十六条的规定，以破坏计算机信息系统罪论处：

（一）修改参数或者监测数据的；

（二）干扰采样，致使监测数据严重失真的；

（三）其他破坏环境质量监测系统的行为。

重点排污单位篡改、伪造自动监测数据或者干扰自动监测设施，排放化学需氧量、氨氮、二氧化硫、氮氧化物等污染物，同时构成污染环境罪和破坏计算机信息系统罪的，依照处罚较重的规定定罪处罚。

从事环境监测设施维护、运营的人员实施或者参与实施篡改、伪造自动监测数据、干扰自动监测设施、破坏环境质量监测系统等行为的，应当从重处罚。

（四）上述案例的启示

张某上诉提出撤销原判，宣告其无罪的请求。哪些情况应当撤销原判，发回重审？对上诉案件审理后应如何处理？

第二审人民法院对不服第一审判决的上诉、抗诉案件，经过审理后，应当按照下列情形分别处理：

1. 裁定驳回上诉或者抗诉，维持原判

原判决认定事实和适用法律正确、量刑适当的，应当裁定驳回上诉或者抗诉，维持原判。

2. 改判

（1）原判决认定事实没有错误，但适用法律有错误；

（2）量刑不当的，应当改判；

（3）原判决事实不清楚或者证据不足的，可以在查清事实后改判。

3. 裁定撤销原判，发回原审人民法院重新审判

（1）可以撤销

原判决事实不清楚或者证据不足的，可以在查清事实后改判；也可以裁定撤销原判，发回原审人民法院重新审判。

原审人民法院对于发回重新审判的案件作出判决后，被告人提出上诉或者人民检察院提出抗诉的，第二审人民法院应当依法作出判决或者裁定，不得再发回原审人民法院重新审判。

（2）应当撤销

第二审人民法院发现第一审人民法院的审理有下列违反法律规定的诉讼程序的情形之一的，应当裁定撤销原判，发回原审人民法院重新审判：

①违反《中华人民共和国刑事诉讼法》有关公开审判的规定的；

②违反回避制度的；

③剥夺或者限制了当事人的法定诉讼权利，可能影响公正审判的；

④审判组织的组成不合法的；

⑤其他违反法律规定的诉讼程序，可能影响公正审判的。

本案中的张某提出上诉后，二审法院裁定驳回张某提出的上诉，维持原判，理由是原判决认定事实和适用法律正确、量刑适当，应当裁定驳回上诉，维持原判。

附录一

中华人民共和国大气污染防治法

（1987 年 9 月 5 日第六届全国人民代表大会常务委员会第二十二次会议通过，根据 1995 年 8 月 29 日第八届全国人民代表大会常务委员会第十五次会议《关于修改〈中华人民共和国大气污染防治法〉的决定》第一次修正，2000 年 4 月 29 日第九届全国人民代表大会常务委员会第十五次会议第一次修订，2015 年 8 月 29 日第十二届全国人民代表大会常务委员会第十六次会议第二次修订，根据 2018 年 10 月 26 日第十三届全国人民代表大会常务委员会第六次会议《关于修改〈中华人民共和国野生动物保护法〉等十五部法律的决定》第二次修正）

目　录

第一章　总则

第一条　为保护和改善环境，防治大气污染，保障公众健康，推进生态文明建设，促进经济社会可持续发展，制定本法。

第二条　防治大气污染，应当以改善大气环境质量为目标，坚持源头治理，规划先行，转变经济发展方式，优化产业结构和布局，调整能源结构。

防治大气污染，应当加强对燃煤、工业、机动车船、扬尘、农业等大气污染的综合防治，推行区域大气污染联合防治，对颗粒物、二氧化硫、氮氧化物、挥发性有机物、氨等大气污染物和温室气体实施协同控制。

第三条　县级以上人民政府应当将大气污染防治工作纳入国民经济和社会发展规划，加大对大气污染防治的财政投入。

地方各级人民政府应当对本行政区域的大气环境质量负责，制定规划，采取措施，控制或者逐步削减大气污染物的排放量，使大气环境质量达到规定标准并逐步改善。

第四条　国务院生态环境主管部门会同国务院有关部门，按照国务院的规定，对省、自治区、直辖市大气环境质量改善目标、大气污染防治重点任务完成情况进行考核。省、自治区、直辖市人民政府制定考核办法，对本行政区域内地方大气环境质量改善目标、大气污染防治重点任务完成情况实施考核。考核结果应当向社会公开。

第五条　县级以上人民政府生态环境主管部门对大气污染防治实

施统一监督管理。

县级以上人民政府其他有关部门在各自职责范围内对大气污染防治实施监督管理。

第六条　国家鼓励和支持大气污染防治科学技术研究，开展对大气污染来源及其变化趋势的分析，推广先进适用的大气污染防治技术和装备，促进科技成果转化，发挥科学技术在大气污染防治中的支撑作用。

第七条　企业事业单位和其他生产经营者应当采取有效措施，防止、减少大气污染，对所造成的损害依法承担责任。

公民应当增强大气环境保护意识，采取低碳、节俭的生活方式，自觉履行大气环境保护义务。

第二章　大气污染防治标准和限期达标规划

第八条　国务院生态环境主管部门或者省、自治区、直辖市人民政府制定大气环境质量标准，应当以保障公众健康和保护生态环境为宗旨，与经济社会发展相适应，做到科学合理。

第九条　国务院生态环境主管部门或者省、自治区、直辖市人民政府制定大气污染物排放标准，应当以大气环境质量标准和国家经济、技术条件为依据。

第十条　制定大气环境质量标准、大气污染物排放标准，应当组织专家进行审查和论证，并征求有关部门、行业协会、企业事业单位和公众等方面的意见。

第十一条　省级以上人民政府生态环境主管部门应当在其网站上公布大气环境质量标准、大气污染物排放标准，供公众免费查阅、下载。

第十二条　大气环境质量标准、大气污染物排放标准的执行情况应当定期进行评估，根据评估结果对标准适时进行修订。

第十三条　制定燃煤、石油焦、生物质燃料、涂料等含挥发性有机物的产品、烟花爆竹以及锅炉等产品的质量标准，应当明确大气环境保护要求。

制定燃油质量标准，应当符合国家大气污染物控制要求，并与国家机动车船、非道路移动机械大气污染物排放标准相互衔接，同步实施。

前款所称非道路移动机械，是指装配有发动机的移动机械和可运输工业设备。

第十四条　未达到国家大气环境质量标准城市的人民政府应当及时编制大气环境质量限期达标规划，采取措施，按照国务院或者省级人民政府规定的期限达到大气环境质量标准。

编制城市大气环境质量限期达标规划，应当征求有关行业协会、企业事业单位、专家和公众等方面的意见。

第十五条　城市大气环境质量限期达标规划应当向社会公开。直辖市和设区的市的大气环境质量限期达标规划应当报国务院生态环境主管部门备案。

第十六条　城市人民政府每年在向本级人民代表大会或者其常务委员会报告环境状况和环境保护目标完成情况时，应当报告大气环境质量限期达标规划执行情况，并向社会公开。

第十七条　城市大气环境质量限期达标规划应当根据大气污染防治的要求和经济、技术条件适时进行评估、修订。

第三章　大气污染防治的监督管理

第十八条　企业事业单位和其他生产经营者建设对大气环境有影响的项目，应当依法进行环境影响评价、公开环境影响评价文件；向大气排放污染物的，应当符合大气污染物排放标准，遵守重点大气污染物排放总量控制要求。

第十九条 排放工业废气或者本法第七十八条规定名录中所列有毒有害大气污染物的企业事业单位、集中供热设施的燃煤热源生产运营单位以及其他依法实行排污许可管理的单位，应当取得排污许可证。排污许可的具体办法和实施步骤由国务院规定。

第二十条 企业事业单位和其他生产经营者向大气排放污染物的，应当依照法律法规和国务院生态环境主管部门的规定设置大气污染物排放口。

禁止通过偷排、篡改或者伪造监测数据、以逃避现场检查为目的的临时停产、非紧急情况下开启应急排放通道、不正常运行大气污染防治设施等逃避监管的方式排放大气污染物。

第二十一条 国家对重点大气污染物排放实行总量控制。

重点大气污染物排放总量控制目标，由国务院生态环境主管部门在征求国务院有关部门和各省、自治区、直辖市人民政府意见后，会同国务院经济综合主管部门报国务院批准并下达实施。

省、自治区、直辖市人民政府应当按照国务院下达的总量控制目标，控制或者削减本行政区域的重点大气污染物排放总量。

确定总量控制目标和分解总量控制指标的具体办法，由国务院生态环境主管部门会同国务院有关部门规定。省、自治区、直辖市人民政府可以根据本行政区域大气污染防治的需要，对国家重点大气污染物之外的其他大气污染物排放实行总量控制。

国家逐步推行重点大气污染物排污权交易。

第二十二条 对超过国家重点大气污染物排放总量控制指标或者未完成国家下达的大气环境质量改善目标的地区，省级以上人民政府生态环境主管部门应当会同有关部门约谈该地区人民政府的主要负责人，并暂停审批该地区新增重点大气污染物排放总量的建设项目环境影响评价文件。约谈情况应当向社会公开。

第二十三条 国务院生态环境主管部门负责制定大气环境质量和大气污染源的监测和评价规范,组织建设与管理全国大气环境质量和大气污染源监测网,组织开展大气环境质量和大气污染源监测,统一发布全国大气环境质量状况信息。

县级以上地方人民政府生态环境主管部门负责组织建设与管理本行政区域大气环境质量和大气污染源监测网,开展大气环境质量和大气污染源监测,统一发布本行政区域大气环境质量状况信息。

第二十四条 企业事业单位和其他生产经营者应当按照国家有关规定和监测规范,对其排放的工业废气和本法第七十八条规定名录中所列有毒有害大气污染物进行监测,并保存原始监测记录。其中,重点排污单位应当安装、使用大气污染物排放自动监测设备,与生态环境主管部门的监控设备联网,保证监测设备正常运行并依法公开排放信息。监测的具体办法和重点排污单位的条件由国务院生态环境主管部门规定。

重点排污单位名录由设区的市级以上地方人民政府生态环境主管部门按照国务院生态环境主管部门的规定,根据本行政区域的大气环境承载力、重点大气污染物排放总量控制指标的要求以及排污单位排放大气污染物的种类、数量和浓度等因素,商有关部门确定,并向社会公布。

第二十五条 重点排污单位应当对自动监测数据的真实性和准确性负责。生态环境主管部门发现重点排污单位的大气污染物排放自动监测设备传输数据异常,应当及时进行调查。

第二十六条 禁止侵占、损毁或者擅自移动、改变大气环境质量监测设施和大气污染物排放自动监测设备。

第二十七条 国家对严重污染大气环境的工艺、设备和产品实行淘汰制度。

国务院经济综合主管部门会同国务院有关部门确定严重污染大气环境的工艺、设备和产品淘汰期限,并纳入国家综合性产业政策目录。

生产者、进口者、销售者或者使用者应当在规定期限内停止生产、进口、销售或者使用列入前款规定目录中的设备和产品。工艺的采用者应当在规定期限内停止采用列入前款规定目录中的工艺。

被淘汰的设备和产品,不得转让给他人使用。

第二十八条　国务院生态环境主管部门会同有关部门,建立和完善大气污染损害评估制度。

第二十九条　生态环境主管部门及其环境执法机构和其他负有大气环境保护监督管理职责的部门,有权通过现场检查监测、自动监测、遥感监测、远红外摄像等方式,对排放大气污染物的企业事业单位和其他生产经营者进行监督检查。被检查者应当如实反映情况,提供必要的资料。实施检查的部门、机构及其工作人员应当为被检查者保守商业秘密。

第三十条　企业事业单位和其他生产经营者违反法律法规规定排放大气污染物,造成或者可能造成严重大气污染,或者有关证据可能灭失或者被隐匿的,县级以上人民政府生态环境主管部门和其他负有大气环境保护监督管理职责的部门,可以对有关设施、设备、物品采取查封、扣押等行政强制措施。

第三十一条　生态环境主管部门和其他负有大气环境保护监督管理职责的部门应当公布举报电话、电子邮箱等,方便公众举报。

生态环境主管部门和其他负有大气环境保护监督管理职责的部门接到举报的,应当及时处理并对举报人的相关信息予以保密;对实名举报的,应当反馈处理结果等情况,查证属实的,处理结果依法向社会公开,并对举报人给予奖励。

举报人举报所在单位的,该单位不得以解除、变更劳动合同或者其他方式对举报人进行打击报复。

第四章　大气污染防治措施
第一节　燃煤和其他能源污染防治

第三十二条　国务院有关部门和地方各级人民政府应当采取措施，调整能源结构，推广清洁能源的生产和使用；优化煤炭使用方式，推广煤炭清洁高效利用，逐步降低煤炭在一次能源消费中的比重，减少煤炭生产、使用、转化过程中的大气污染物排放。

第三十三条　国家推行煤炭洗选加工，降低煤炭的硫分和灰分，限制高硫分、高灰分煤炭的开采。新建煤矿应当同步建设配套的煤炭洗选设施，使煤炭的硫分、灰分含量达到规定标准；已建成的煤矿除所采煤炭属于低硫分、低灰分或者根据已达标排放的燃煤电厂要求不需要洗选的以外，应当限期建成配套的煤炭洗选设施。

禁止开采含放射性和砷等有毒有害物质超过规定标准的煤炭。

第三十四条　国家采取有利于煤炭清洁高效利用的经济、技术政策和措施，鼓励和支持洁净煤技术的开发和推广。

国家鼓励煤矿企业等采用合理、可行的技术措施，对煤层气进行开采利用，对煤矸石进行综合利用。从事煤层气开采利用的，煤层气排放应当符合有关标准规范。

第三十五条　国家禁止进口、销售和燃用不符合质量标准的煤炭，鼓励燃用优质煤炭。

单位存放煤炭、煤矸石、煤渣、煤灰等物料，应当采取防燃措施，防止大气污染。

第三十六条　地方各级人民政府应当采取措施，加强民用散煤的管理，禁止销售不符合民用散煤质量标准的煤炭，鼓励居民燃用优质煤炭和洁净型煤，推广节能环保型炉灶。

第三十七条　石油炼制企业应当按照燃油质量标准生产燃油。

禁止进口、销售和燃用不符合质量标准的石油焦。

第三十八条　城市人民政府可以划定并公布高污染燃料禁燃区，并根据大气环境质量改善要求，逐步扩大高污染燃料禁燃区范围。高污染燃料的目录由国务院生态环境主管部门确定。

在禁燃区内，禁止销售、燃用高污染燃料；禁止新建、扩建燃用高污染燃料的设施，已建成的，应当在城市人民政府规定的期限内改用天然气、页岩气、液化石油气、电或者其他清洁能源。

第三十九条　城市建设应当统筹规划，在燃煤供热地区，推进热电联产和集中供热。在集中供热管网覆盖地区，禁止新建、扩建分散燃煤供热锅炉；已建成的不能达标排放的燃煤供热锅炉，应当在城市人民政府规定的期限内拆除。

第四十条　县级以上人民政府市场监督管理部门应当会同生态环境主管部门对锅炉生产、进口、销售和使用环节执行环境保护标准或者要求的情况进行监督检查；不符合环境保护标准或者要求的，不得生产、进口、销售和使用。

第四十一条　燃煤电厂和其他燃煤单位应当采用清洁生产工艺，配套建设除尘、脱硫、脱硝等装置，或者采取技术改造等其他控制大气污染物排放的措施。

国家鼓励燃煤单位采用先进的除尘、脱硫、脱硝、脱汞等大气污染物协同控制的技术和装置，减少大气污染物的排放。

第四十二条　电力调度应当优先安排清洁能源发电上网。

第二节　工业污染防治

第四十三条　钢铁、建材、有色金属、石油、化工等企业生产过程中排放粉尘、硫化物和氮氧化物的，应当采用清洁生产工艺，配套建设除尘、脱硫、脱硝等装置，或者采取技术改造等其他控制大气污染物排放的措施。

第四十四条　生产、进口、销售和使用含挥发性有机物的原材料和产品的，其挥发性有机物含量应当符合质量标准或者要求。

国家鼓励生产、进口、销售和使用低毒、低挥发性有机溶剂。

第四十五条　产生含挥发性有机物废气的生产和服务活动，应当在密闭空间或者设备中进行，并按照规定安装、使用污染防治设施；无法密闭的，应当采取措施减少废气排放。

第四十六条　工业涂装企业应当使用低挥发性有机物含量的涂料，并建立台账，记录生产原料、辅料的使用量、废弃量、去向以及挥发性有机物含量。台账保存期限不得少于三年。

第四十七条　石油、化工以及其他生产和使用有机溶剂的企业，应当采取措施对管道、设备进行日常维护、维修，减少物料泄漏，对泄漏的物料应当及时收集处理。

储油储气库、加油加气站、原油成品油码头、原油成品油运输船舶和油罐车、气罐车等，应当按照国家有关规定安装油气回收装置并保持正常使用。

第四十八条　钢铁、建材、有色金属、石油、化工、制药、矿产开采等企业，应当加强精细化管理，采取集中收集处理等措施，严格控制粉尘和气态污染物的排放。

工业生产企业应当采取密闭、围挡、遮盖、清扫、洒水等措施，减少内部物料的堆存、传输、装卸等环节产生的粉尘和气态污染物的排放。

第四十九条　工业生产、垃圾填埋或者其他活动产生的可燃性气体应当回收利用，不具备回收利用条件的，应当进行污染防治处理。

可燃性气体回收利用装置不能正常作业的，应当及时修复或者更新。在回收利用装置不能正常作业期间确需排放可燃性气体的，应当将排放的可燃性气体充分燃烧或者采取其他控制大气污染物排放的措施，并向当地生态环境主管部门报告，按照要求限期修复或者更新。

第三节　机动车船等污染防治

第五十条　国家倡导低碳、环保出行，根据城市规划合理控制燃油机动车保有量，大力发展城市公共交通，提高公共交通出行比例。

国家采取财政、税收、政府采购等措施推广应用节能环保型和新能源机动车船、非道路移动机械，限制高油耗、高排放机动车船、非道路移动机械的发展，减少化石能源的消耗。

省、自治区、直辖市人民政府可以在条件具备的地区，提前执行国家机动车大气污染物排放标准中相应阶段排放限值，并报国务院生态环境主管部门备案。

城市人民政府应当加强并改善城市交通管理，优化道路设置，保障人行道和非机动车道的连续、畅通。

第五十一条　机动车船、非道路移动机械不得超过标准排放大气污染物。

禁止生产、进口或者销售大气污染物排放超过标准的机动车船、非道路移动机械。

第五十二条　机动车、非道路移动机械生产企业应当对新生产的机动车和非道路移动机械进行排放检验。经检验合格的，方可出厂销售。检验信息应当向社会公开。

省级以上人民政府生态环境主管部门可以通过现场检查、抽样检测等方式，加强对新生产、销售机动车和非道路移动机械大气污染物排放状况的监督检查。工业、市场监督管理等有关部门予以配合。

第五十三条　在用机动车应当按照国家或者地方的有关规定，由机动车排放检验机构定期对其进行排放检验。经检验合格的，方可上道路行驶。未经检验合格的，公安机关交通管理部门不得核发安全技术检验合格标志。

县级以上地方人民政府生态环境主管部门可以在机动车集中停放地、维修地对在用机动车的大气污染物排放状况进行监督抽测；在不影响正常通行的情况下，可以通过遥感监测等技术手段对在道路上行驶的机动车的大气污染物排放状况进行监督抽测，公安机关交通管理部门予以配合。

第五十四条　机动车排放检验机构应当依法通过计量认证，使用经依法检定合格的机动车排放检验设备，按照国务院生态环境主管部门制定的规范，对机动车进行排放检验，并与生态环境主管部门联网，实现检验数据实时共享。机动车排放检验机构及其负责人对检验数据的真实性和准确性负责。

生态环境主管部门和认证认可监督管理部门应当对机动车排放检验机构的排放检验情况进行监督检查。

第五十五条　机动车生产、进口企业应当向社会公布其生产、进口机动车车型的排放检验信息、污染控制技术信息和有关维修技术信息。

机动车维修单位应当按照防治大气污染的要求和国家有关技术规范对在用机动车进行维修，使其达到规定的排放标准。交通运输、生态环境主管部门应当依法加强监督管理。

禁止机动车所有人以临时更换机动车污染控制装置等弄虚作假的方式通过机动车排放检验。禁止机动车维修单位提供该类维修服务。禁止破坏机动车车载排放诊断系统。

第五十六条　生态环境主管部门应当会同交通运输、住房城乡建设、农业行政、水行政等有关部门对非道路移动机械的大气污染物排放状况进行监督检查，排放不合格的，不得使用。

第五十七条　国家倡导环保驾驶，鼓励燃油机动车驾驶人在不影响道路通行且需停车三分钟以上的情况下熄灭发动机，减少大气污染物的排放。

第五十八条　国家建立机动车和非道路移动机械环境保护召回制度。

生产、进口企业获知机动车、非道路移动机械排放大气污染物超过标准，属于设计、生产缺陷或者不符合规定的环境保护耐久性要求的，应当召回；未召回的，由国务院市场监督管理部门会同国务院生态环境主管部门责令其召回。

第五十九条　在用重型柴油车、非道路移动机械未安装污染控制装置或者污染控制装置不符合要求，不能达标排放的，应当加装或者更换符合要求的污染控制装置。

第六十条　在用机动车排放大气污染物超过标准的，应当进行维修；经维修或者采用污染控制技术后，大气污染物排放仍不符合国家在用机动车排放标准的，应当强制报废。其所有人应当将机动车交售给报废机动车回收拆解企业，由报废机动车回收拆解企业按照国家有关规定进行登记、拆解、销毁等处理。

国家鼓励和支持高排放机动车船、非道路移动机械提前报废。

第六十一条　城市人民政府可以根据大气环境质量状况，划定并公布禁止使用高排放非道路移动机械的区域。

第六十二条　船舶检验机构对船舶发动机及有关设备进行排放检验。经检验符合国家排放标准的，船舶方可运营。

第六十三条　内河和江海直达船舶应当使用符合标准的普通柴油。远洋船舶靠港后应当使用符合大气污染物控制要求的船舶用燃油。

新建码头应当规划、设计和建设岸基供电设施；已建成的码头应当逐步实施岸基供电设施改造。船舶靠港后应当优先使用岸电。

第六十四条　国务院交通运输主管部门可以在沿海海域划定船舶大气污染物排放控制区，进入排放控制区的船舶应当符合船舶相关排放要求。

第六十五条　禁止生产、进口、销售不符合标准的机动车船、非道路移动机械用燃料；禁止向汽车和摩托车销售普通柴油以及其他非机动车用燃料；禁止向非道路移动机械、内河和江海直达船舶销售渣油和重油。

第六十六条　发动机油、氮氧化物还原剂、燃料和润滑油添加剂以及其他添加剂的有害物质含量和其他大气环境保护指标，应当符合有关标准的要求，不得损害机动车船污染控制装置效果和耐久性，不得增加新的大气污染物排放。

第六十七条　国家积极推进民用航空器的大气污染防治，鼓励在设计、生产、使用过程中采取有效措施减少大气污染物排放。

民用航空器应当符合国家规定的适航标准中的有关发动机排出物要求。

第四节　扬尘污染防治

第六十八条　地方各级人民政府应当加强对建设施工和运输的管理，保持道路清洁，控制料堆和渣土堆放，扩大绿地、水面、湿地和地面铺装面积，防治扬尘污染。

住房城乡建设、市容环境卫生、交通运输、国土资源等有关部门，应当根据本级人民政府确定的职责，做好扬尘污染防治工作。

第六十九条　建设单位应当将防治扬尘污染的费用列入工程造价，并在施工承包合同中明确施工单位扬尘污染防治责任。施工单位应当制定具体的施工扬尘污染防治实施方案。

从事房屋建筑、市政基础设施建设、河道整治以及建筑物拆除等施工单位，应当向负责监督管理扬尘污染防治的主管部门备案。

施工单位应当在施工工地设置硬质围挡，并采取覆盖、分段作业、择时施工、洒水抑尘、冲洗地面和车辆等有效防尘降尘措施。建筑土方、工程渣土、建筑垃圾应当及时清运；在场地内堆存的，应当采用密闭式防尘网遮盖。工程渣土、建筑垃圾应当进行资源化处理。

施工单位应当在施工工地公示扬尘污染防治措施、负责人、扬尘监督管理主管部门等信息。

暂时不能开工的建设用地，建设单位应当对裸露地面进行覆盖；超过三个月的，应当进行绿化、铺装或者遮盖。

第七十条　运输煤炭、垃圾、渣土、砂石、土方、灰浆等散装、流体物料的车辆应当采取密闭或者其他措施防止物料遗撒造成扬尘污染，并按照规定路线行驶。

装卸物料应当采取密闭或者喷淋等方式防治扬尘污染。

城市人民政府应当加强道路、广场、停车场和其他公共场所的清扫保洁管理，推行清洁动力机械化清扫等低尘作业方式，防治扬尘污染。

第七十一条　市政河道以及河道沿线、公共用地的裸露地面以及其他城镇裸露地面，有关部门应当按照规划组织实施绿化或者透水铺装。

第七十二条　贮存煤炭、煤矸石、煤渣、煤灰、水泥、石灰、石膏、砂土等易产生扬尘的物料应当密闭；不能密闭的，应当设置不低于堆放物高度的严密围挡，并采取有效覆盖措施防治扬尘污染。

码头、矿山、填埋场和消纳场应当实施分区作业，并采取有效措施防治扬尘污染。

第五节　农业和其他污染防治

第七十三条　地方各级人民政府应当推动转变农业生产方式，发展农业循环经济，加大对废弃物综合处理的支持力度，加强对农业生产经营活动排放大气污染物的控制。

第七十四条　农业生产经营者应当改进施肥方式，科学合理施用化肥并按照国家有关规定使用农药，减少氨、挥发性有机物等大气污染物的排放。

禁止在人口集中地区对树木、花草喷洒剧毒、高毒农药。

第七十五条　畜禽养殖场、养殖小区应当及时对污水、畜禽粪便和尸体等进行收集、贮存、清运和无害化处理，防止排放恶臭气体。

第七十六条　各级人民政府及其农业行政等有关部门应当鼓励和支持采用先进适用技术，对秸秆、落叶等进行肥料化、饲料化、能源化、工业原料化、食用菌基料化等综合利用，加大对秸秆还田、收集一体化农业机械的财政补贴力度。

县级人民政府应当组织建立秸秆收集、贮存、运输和综合利用服务体系，采用财政补贴等措施支持农村集体经济组织、农民专业合作经济组织、企业等开展秸秆收集、贮存、运输和综合利用服务。

第七十七条　省、自治区、直辖市人民政府应当划定区域，禁止露天焚烧秸秆、落叶等产生烟尘污染的物质。

第七十八条　国务院生态环境主管部门应当会同国务院卫生行政部门，根据大气污染物对公众健康和生态环境的危害和影响程度，公布有毒有害大气污染物名录，实行风险管理。

排放前款规定名录中所列有毒有害大气污染物的企业事业单位，应当按照国家有关规定建设环境风险预警体系，对排放口和周边环境进行定期监测，评估环境风险，排查环境安全隐患，并采取有效措施防范环境风险。

第七十九条　向大气排放持久性有机污染物的企业事业单位和其他生产经营者以及废弃物焚烧设施的运营单位，应当按照国家有关规定，采取有利于减少持久性有机污染物排放的技术方法和工艺，配备有效的净化装置，实现达标排放。

第八十条　企业事业单位和其他生产经营者在生产经营活动中产

生恶臭气体的，应当科学选址，设置合理的防护距离，并安装净化装置或者采取其他措施，防止排放恶臭气体。

第八十一条　排放油烟的餐饮服务业经营者应当安装油烟净化设施并保持正常使用，或者采取其他油烟净化措施，使油烟达标排放，并防止对附近居民的正常生活环境造成污染。

禁止在居民住宅楼、未配套设立专用烟道的商住综合楼以及商住综合楼内与居住层相邻的商业楼层内新建、改建、扩建产生油烟、异味、废气的餐饮服务项目。

任何单位和个人不得在当地人民政府禁止的区域内露天烧烤食品或者为露天烧烤食品提供场地。

第八十二条　禁止在人口集中地区和其他依法需要特殊保护的区域内焚烧沥青、油毡、橡胶、塑料、皮革、垃圾以及其他产生有毒有害烟尘和恶臭气体的物质。

禁止生产、销售和燃放不符合质量标准的烟花爆竹。任何单位和个人不得在城市人民政府禁止的时段和区域内燃放烟花爆竹。

第八十三条　国家鼓励和倡导文明、绿色祭祀。

火葬场应当设置除尘等污染防治设施并保持正常使用，防止影响周边环境。

第八十四条　从事服装干洗和机动车维修等服务活动的经营者，应当按照国家有关标准或者要求设置异味和废气处理装置等污染防治设施并保持正常使用，防止影响周边环境。

第八十五条　国家鼓励、支持消耗臭氧层物质替代品的生产和使用，逐步减少直至停止消耗臭氧层物质的生产和使用。

国家对消耗臭氧层物质的生产、使用、进出口实行总量控制和配额管理。具体办法由国务院规定。

第五章　重点区域大气污染联合防治

第八十六条　国家建立重点区域大气污染联防联控机制，统筹协调重点区域内大气污染防治工作。国务院生态环境主管部门根据主体功能区划、区域大气环境质量状况和大气污染传输扩散规律，划定国家大气污染防治重点区域，报国务院批准。

重点区域内有关省、自治区、直辖市人民政府应当确定牵头的地方人民政府，定期召开联席会议，按照统一规划、统一标准、统一监测、统一的防治措施的要求，开展大气污染联合防治，落实大气污染防治目标责任。国务院生态环境主管部门应当加强指导、督促。

省、自治区、直辖市可以参照第一款规定划定本行政区域的大气污染防治重点区域。

第八十七条　国务院生态环境主管部门会同国务院有关部门、国家大气污染防治重点区域内有关省、自治区、直辖市人民政府，根据重点区域经济社会发展和大气环境承载力，制定重点区域大气污染联合防治行动计划，明确控制目标，优化区域经济布局，统筹交通管理，发展清洁能源，提出重点防治任务和措施，促进重点区域大气环境质量改善。

第八十八条　国务院经济综合主管部门会同国务院生态环境主管部门，结合国家大气污染防治重点区域产业发展实际和大气环境质量状况，进一步提高环境保护、能耗、安全、质量等要求。

重点区域内有关省、自治区、直辖市人民政府应当实施更严格的机动车大气污染物排放标准，统一在用机动车检验方法和排放限值，并配套供应合格的车用燃油。

第八十九条　编制可能对国家大气污染防治重点区域的大气环境造成严重污染的有关工业园区、开发区、区域产业和发展等规划，应当依法进行环境影响评价。规划编制机关应当与重点区域内有关省、自治区、直辖市人民政府或者有关部门会商。

重点区域内有关省、自治区、直辖市建设可能对相邻省、自治区、直辖市大气环境质量产生重大影响的项目，应当及时通报有关信息，进行会商。

会商意见及其采纳情况作为环境影响评价文件审查或者审批的重要依据。

第九十条　国家大气污染防治重点区域内新建、改建、扩建用煤项目的，应当实行煤炭的等量或者减量替代。

第九十一条　国务院生态环境主管部门应当组织建立国家大气污染防治重点区域的大气环境质量监测、大气污染源监测等相关信息共享机制，利用监测、模拟以及卫星、航测、遥感等新技术分析重点区域内大气污染来源及其变化趋势，并向社会公开。

第九十二条　国务院生态环境主管部门和国家大气污染防治重点区域内有关省、自治区、直辖市人民政府可以组织有关部门开展联合执法、跨区域执法、交叉执法。

第六章　重污染天气应对

第九十三条　国家建立重污染天气监测预警体系。

国务院生态环境主管部门会同国务院气象主管机构等有关部门、国家大气污染防治重点区域内有关省、自治区、直辖市人民政府，建立重点区域重污染天气监测预警机制，统一预警分级标准。可能发生区域重污染天气的，应当及时向重点区域内有关省、自治区、直辖市人民政府通报。

省、自治区、直辖市、设区的市人民政府生态环境主管部门会同气象主管机构等有关部门建立本行政区域重污染天气监测预警机制。

第九十四条　县级以上地方人民政府应当将重污染天气应对纳入突发事件应急管理体系。

省、自治区、直辖市、设区的市人民政府以及可能发生重污染天气的县级人民政府，应当制定重污染天气应急预案，向上一级人民政府生态环境主管部门备案，并向社会公布。

第九十五条　省、自治区、直辖市、设区的市人民政府生态环境主管部门应当会同气象主管机构建立会商机制，进行大气环境质量预报。可能发生重污染天气的，应当及时向本级人民政府报告。省、自治区、直辖市、设区的市人民政府依据重污染天气预报信息，进行综合研判，确定预警等级并及时发出预警。预警等级根据情况变化及时调整。任何单位和个人不得擅自向社会发布重污染天气预报预警信息。

预警信息发布后，人民政府及其有关部门应当通过电视、广播、网络、短信等途径告知公众采取健康防护措施，指导公众出行和调整其他相关社会活动。

第九十六条　县级以上地方人民政府应当依据重污染天气的预警等级，及时启动应急预案，根据应急需要可以采取责令有关企业停产或者限产、限制部分机动车行驶、禁止燃放烟花爆竹、停止工地土石方作业和建筑物拆除施工、停止露天烧烤、停止幼儿园和学校组织的户外活动、组织开展人工影响天气作业等应急措施。

应急响应结束后，人民政府应当及时开展应急预案实施情况的评估，适时修改完善应急预案。

第九十七条　发生造成大气污染的突发环境事件，人民政府及其有关部门和相关企业事业单位，应当依照《中华人民共和国突发事件应对法》、《中华人民共和国环境保护法》的规定，做好应急处置工作。生态环境主管部门应当及时对突发环境事件产生的大气污染物进行监测，并向社会公布监测信息。

第七章　法律责任

第九十八条　违反本法规定，以拒绝进入现场等方式拒不接受生态环境主管部门及其环境执法机构或者其他负有大气环境保护监督管理职责的部门的监督检查，或者在接受监督检查时弄虚作假的，由县级以上人民政府生态环境主管部门或者其他负有大气环境保护监督管理职责的部门责令改正，处二万元以上二十万元以下的罚款；构成违反治安管理行为的，由公安机关依法予以处罚。

第九十九条　违反本法规定，有下列行为之一的，由县级以上人民政府生态环境主管部门责令改正或者限制生产、停产整治，并处十万元以上一百万元以下的罚款；情节严重的，报经有批准权的人民政府批准，责令停业、关闭：

（一）未依法取得排污许可证排放大气污染物的；

（二）超过大气污染物排放标准或者超过重点大气污染物排放总量控制指标排放大气污染物的；

（三）通过逃避监管的方式排放大气污染物的。

第一百条　违反本法规定，有下列行为之一的，由县级以上人民政府生态环境主管部门责令改正，处二万元以上二十万元以下的罚款；拒不改正的，责令停产整治：

（一）侵占、损毁或者擅自移动、改变大气环境质量监测设施或者大气污染物排放自动监测设备的；

（二）未按照规定对所排放的工业废气和有毒有害大气污染物进行监测并保存原始监测记录的；

（三）未按照规定安装、使用大气污染物排放自动监测设备或者未按照规定与生态环境主管部门的监控设备联网，并保证监测设备正常运行的；

（四）重点排污单位不公开或者不如实公开自动监测数据的；

（五）未按照规定设置大气污染物排放口的。

第一百零一条　违反本法规定，生产、进口、销售或者使用国家综合性产业政策目录中禁止的设备和产品，采用国家综合性产业政策目录中禁止的工艺，或者将淘汰的设备和产品转让给他人使用的，由县级以上人民政府经济综合主管部门、海关按照职责责令改正，没收违法所得，并处货值金额一倍以上三倍以下的罚款；拒不改正的，报经有批准权的人民政府批准，责令停业、关闭。进口行为构成走私的，由海关依法予以处罚。

第一百零二条　违反本法规定，煤矿未按照规定建设配套煤炭洗选设施的，由县级以上人民政府能源主管部门责令改正，处十万元以上一百万元以下的罚款；拒不改正的，报经有批准权的人民政府批准，责令停业、关闭。

违反本法规定，开采含放射性和砷等有毒有害物质超过规定标准的煤炭的，由县级以上人民政府按照国务院规定的权限责令停业、关闭。

第一百零三条　违反本法规定，有下列行为之一的，由县级以上地方人民政府市场监督管理部门责令改正，没收原材料、产品和违法所得，并处货值金额一倍以上三倍以下的罚款：

（一）销售不符合质量标准的煤炭、石油焦的；

（二）生产、销售挥发性有机物含量不符合质量标准或者要求的原材料和产品的；

（三）生产、销售不符合标准的机动车船和非道路移动机械用燃料、发动机油、氮氧化物还原剂、燃料和润滑油添加剂以及其他添加剂的；

（四）在禁燃区内销售高污染燃料的。

第一百零四条　违反本法规定，有下列行为之一的，由海关责令改正，没收原材料、产品和违法所得，并处货值金额一倍以上三倍以下的罚款；构成走私的，由海关依法予以处罚：

（一）进口不符合质量标准的煤炭、石油焦的；

（二）进口挥发性有机物含量不符合质量标准或者要求的原材料和产品的；

（三）进口不符合标准的机动车船和非道路移动机械用燃料、发动机油、氮氧化物还原剂、燃料和润滑油添加剂以及其他添加剂的。

第一百零五条　违反本法规定，单位燃用不符合质量标准的煤炭、石油焦的，由县级以上人民政府生态环境主管部门责令改正，处货值金额一倍以上三倍以下的罚款。

第一百零六条　违反本法规定，使用不符合标准或者要求的船舶用燃油的，由海事管理机构、渔业主管部门按照职责处一万元以上十万元以下的罚款。

第一百零七条　违反本法规定，在禁燃区内新建、扩建燃用高污染燃料的设施，或者未按照规定停止燃用高污染燃料，或者在城市集中供热管网覆盖地区新建、扩建分散燃煤供热锅炉，或者未按照规定拆除已建成的不能达标排放的燃煤供热锅炉的，由县级以上地方人民政府生态环境主管部门没收燃用高污染燃料的设施，组织拆除燃煤供热锅炉，并处二万元以上二十万元以下的罚款。

违反本法规定，生产、进口、销售或者使用不符合规定标准或者要求的锅炉，由县级以上人民政府市场监督管理、生态环境主管部门责令改正，没收违法所得，并处二万元以上二十万元以下的罚款。

第一百零八条　违反本法规定，有下列行为之一的，由县级以上人民政府生态环境主管部门责令改正，处二万元以上二十万元以下的罚款；拒不改正的，责令停产整治：

（一）产生含挥发性有机物废气的生产和服务活动，未在密闭空间或者设备中进行，未按照规定安装、使用污染防治设施，或者未采取减少废气排放措施的；

（二）工业涂装企业未使用低挥发性有机物含量涂料或者未建立、保存台账的；

（三）石油、化工以及其他生产和使用有机溶剂的企业，未采取措施对管道、设备进行日常维护、维修，减少物料泄漏或者对泄漏的物料未及时收集处理的；

（四）储油储气库、加油加气站和油罐车、气罐车等，未按照国家有关规定安装并正常使用油气回收装置的；

（五）钢铁、建材、有色金属、石油、化工、制药、矿产开采等企业，未采取集中收集处理、密闭、围挡、遮盖、清扫、洒水等措施，控制、减少粉尘和气态污染物排放的；

（六）工业生产、垃圾填埋或者其他活动中产生的可燃性气体未回收利用，不具备回收利用条件未进行防治污染处理，或者可燃性气体回收利用装置不能正常作业，未及时修复或者更新的。

第一百零九条　违反本法规定，生产超过污染物排放标准的机动车、非道路移动机械的，由省级以上人民政府生态环境主管部门责令改正，没收违法所得，并处货值金额一倍以上三倍以下的罚款，没收销毁无法达到污染物排放标准的机动车、非道路移动机械；拒不改正的，责令停产整治，并由国务院机动车生产主管部门责令停止生产该车型。

违反本法规定，机动车、非道路移动机械生产企业对发动机、污染控制装置弄虚作假、以次充好，冒充排放检验合格产品出厂销售的，由省级以上人民政府生态环境主管部门责令停产整治，没收违法所得，并处货值金额一倍以上三倍以下的罚款，没收销毁无法达到污染物排放标准的机动车、非道路移动机械，并由国务院机动车生产主管部门责令停止生产该车型。

第一百一十条　违反本法规定，进口、销售超过污染物排放标准的机动车、非道路移动机械的，由县级以上人民政府市场监督管理部门、海关按照职责没收违法所得，并处货值金额一倍以上三倍以下的罚款，没收销毁无法达到污染物排放标准的机动车、非道路移动机械；进口行为构成走私的，由海关依法予以处罚。

违反本法规定，销售的机动车、非道路移动机械不符合污染物排放标准的，销售者应当负责修理、更换、退货；给购买者造成损失的，销售者应当赔偿损失。

第一百一十一条 违反本法规定，机动车生产、进口企业未按照规定向社会公布其生产、进口机动车车型的排放检验信息或者污染控制技术信息的，由省级以上人民政府生态环境主管部门责令改正，处五万元以上五十万元以下的罚款。

违反本法规定，机动车生产、进口企业未按照规定向社会公布其生产、进口机动车车型的有关维修技术信息的，由省级以上人民政府交通运输主管部门责令改正，处五万元以上五十万元以下的罚款。

第一百一十二条 违反本法规定，伪造机动车、非道路移动机械排放检验结果或者出具虚假排放检验报告的，由县级以上人民政府生态环境主管部门没收违法所得，并处十万元以上五十万元以下的罚款；情节严重的，由负责资质认定的部门取消其检验资格。

违反本法规定，伪造船舶排放检验结果或者出具虚假排放检验报告的，由海事管理机构依法予以处罚。

违反本法规定，以临时更换机动车污染控制装置等弄虚作假的方式通过机动车排放检验或者破坏机动车车载排放诊断系统的，由县级以上人民政府生态环境主管部门责令改正，对机动车所有人处五千元的罚款；对机动车维修单位处每辆机动车五千元的罚款。

第一百一十三条 违反本法规定，机动车驾驶人驾驶排放检验不合格的机动车上道路行驶的，由公安机关交通管理部门依法予以处罚。

第一百一十四条　违反本法规定，使用排放不合格的非道路移动机械，或者在用重型柴油车、非道路移动机械未按照规定加装、更换污染控制装置的，由县级以上人民政府生态环境等主管部门按照职责责令改正，处五千元的罚款。

违反本法规定，在禁止使用高排放非道路移动机械的区域使用高排放非道路移动机械的，由城市人民政府生态环境等主管部门依法予以处罚。

第一百一十五条　违反本法规定，施工单位有下列行为之一的，由县级以上人民政府住房城乡建设等主管部门按照职责责令改正，处一万元以上十万元以下的罚款；拒不改正的，责令停工整治：

（一）施工工地未设置硬质围挡，或者未采取覆盖、分段作业、择时施工、洒水抑尘、冲洗地面和车辆等有效防尘降尘措施的；

（二）建筑土方、工程渣土、建筑垃圾未及时清运，或者未采用密闭式防尘网遮盖的。

违反本法规定，建设单位未对暂时不能开工的建设用地的裸露地面进行覆盖，或者未对超过三个月不能开工的建设用地的裸露地面进行绿化、铺装或者遮盖的，由县级以上人民政府住房城乡建设等主管部门依照前款规定予以处罚。

第一百一十六条　违反本法规定，运输煤炭、垃圾、渣土、砂石、土方、灰浆等散装、流体物料的车辆，未采取密闭或者其他措施防止物料遗撒的，由县级以上地方人民政府确定的监督管理部门责令改正，处二千元以上二万元以下的罚款；拒不改正的，车辆不得上道路行驶。

第一百一十七条　违反本法规定，有下列行为之一的，由县级以上人民政府生态环境等主管部门按照职责责令改正，处一万元以上十万元以下的罚款；拒不改正的，责令停工整治或者停业整治：

（一）未密闭煤炭、煤矸石、煤渣、煤灰、水泥、石灰、石膏、砂土等易产生扬尘的物料的；

（二）对不能密闭的易产生扬尘的物料，未设置不低于堆放物高度的严密围挡，或者未采取有效覆盖措施防治扬尘污染的；

（三）装卸物料未采取密闭或者喷淋等方式控制扬尘排放的；

（四）存放煤炭、煤矸石、煤渣、煤灰等物料，未采取防燃措施的；

（五）码头、矿山、填埋场和消纳场未采取有效措施防治扬尘污染的；

（六）排放有毒有害大气污染物名录中所列有毒有害大气污染物的企业事业单位，未按照规定建设环境风险预警体系或者对排放口和周边环境进行定期监测、排查环境安全隐患并采取有效措施防范环境风险的；

（七）向大气排放持久性有机污染物的企业事业单位和其他生产经营者以及废弃物焚烧设施的运营单位，未按照国家有关规定采取有利于减少持久性有机污染物排放的技术方法和工艺，配备净化装置的；

（八）未采取措施防止排放恶臭气体的。

第一百一十八条　违反本法规定，排放油烟的餐饮服务业经营者未安装油烟净化设施、不正常使用油烟净化设施或者未采取其他油烟净化措施，超过排放标准排放油烟的，由县级以上地方人民政府确定的监督管理部门责令改正，处五千元以上五万元以下的罚款；拒不改正的，责令停业整治。

违反本法规定，在居民住宅楼、未配套设立专用烟道的商住综合楼、商住综合楼内与居住层相邻的商业楼层内新建、改建、扩建产生油烟、异味、废气的餐饮服务项目的，由县级以上地方人民政府确定的监督管理部门责令改正；拒不改正的，予以关闭，并处一万元以上十万元以下的罚款。

违反本法规定，在当地人民政府禁止的时段和区域内露天烧烤食品或者为露天烧烤食品提供场地的，由县级以上地方人民政府确定的监督管理部门责令改正，没收烧烤工具和违法所得，并处五百元以上二万元以下的罚款。

第一百一十九条 违反本法规定，在人口集中地区对树木、花草喷洒剧毒、高毒农药，或者露天焚烧秸秆、落叶等产生烟尘污染的物质的，由县级以上地方人民政府确定的监督管理部门责令改正，并可以处五百元以上二千元以下的罚款。

违反本法规定，在人口集中地区和其他依法需要特殊保护的区域内，焚烧沥青、油毡、橡胶、塑料、皮革、垃圾以及其他产生有毒有害烟尘和恶臭气体的物质的，由县级人民政府确定的监督管理部门责令改正，对单位处一万元以上十万元以下的罚款，对个人处五百元以上二千元以下的罚款。

违反本法规定，在城市人民政府禁止的时段和区域内燃放烟花爆竹的，由县级以上地方人民政府确定的监督管理部门依法予以处罚。

第一百二十条 违反本法规定，从事服装干洗和机动车维修等服务活动，未设置异味和废气处理装置等污染防治设施并保持正常使用，影响周边环境的，由县级以上地方人民政府生态环境主管部门责令改正，处二千元以上二万元以下的罚款；拒不改正的，责令停业整治。

第一百二十一条 违反本法规定，擅自向社会发布重污染天气预报预警信息，构成违反治安管理行为的，由公安机关依法予以处罚。

违反本法规定，拒不执行停止工地土石方作业或者建筑物拆除施工等重污染天气应急措施的，由县级以上地方人民政府确定的监督管理部门处一万元以上十万元以下的罚款。

第一百二十二条 违反本法规定，造成大气污染事故的，由县级以上人民政府生态环境主管部门依照本条第二款的规定处以罚款；对直接负责的主管人员和其他直接责任人员可以处上一年度从本企业事业单位取得收入百分之五十以下的罚款。

对造成一般或者较大大气污染事故的，按照污染事故造成直接损失的一倍以上三倍以下计算罚款；对造成重大或者特大大气污染事故的，按照污染事故造成的直接损失的三倍以上五倍以下计算罚款。

第一百二十三条　违反本法规定，企业事业单位和其他生产经营者有下列行为之一，受到罚款处罚，被责令改正，拒不改正的，依法作出处罚决定的行政机关可以自责令改正之日的次日起，按照原处罚数额按日连续处罚：

（一）未依法取得排污许可证排放大气污染物的；

（二）超过大气污染物排放标准或者超过重点大气污染物排放总量控制指标排放大气污染物的；

（三）通过逃避监管的方式排放大气污染物的；

（四）建筑施工或者贮存易产生扬尘的物料未采取有效措施防治扬尘污染的。

第一百二十四条　违反本法规定，对举报人以解除、变更劳动合同或者其他方式打击报复的，应当依照有关法律的规定承担责任。

第一百二十五条　排放大气污染物造成损害的，应当依法承担侵权责任。

第一百二十六条　地方各级人民政府、县级以上人民政府生态环境主管部门和其他负有大气环境保护监督管理职责的部门及其工作人员滥用职权、玩忽职守、徇私舞弊、弄虚作假的，依法给予处分。

第一百二十七条　违反本法规定，构成犯罪的，依法追究刑事责任。

第八章　附则

第一百二十八条　海洋工程的大气污染防治，依照《中华人民共和国海洋环境保护法》的有关规定执行。

第一百二十九条　本法自 2016 年 1 月 1 日起施行。

附录二

"生态环境保护健康维权普法丛书" 支持单位和个人

张国林 北京博大环球创业投资有限公司 董事长

李爱民 中国风险投资有限公司 济南建华投资管理有限公司 合伙人 总经理

杨曦沦 中国科技信息杂志社 社长

汤为人 杭州科润超纤有限公司 董事长

刘景发 广州奇雅丝纺织品有限公司 总经理

赵 蔡 阆中诚舵生态农业发展有限公司 董事长

王 磊 天津昊睿房地产经纪有限公司 总经理

武 力 中国秦文研究会 秘书长

钟红亮 首都医科大学附属北京朝阳医院 神经外科主治医师

李泽君 深圳市九九九国际贸易有限公司 总经理

齐 南 北京蓝海在线营销顾问有限公司 总经理

王九川 北京市京都律师事务所 律师 合伙人

朱永锐 北京市大成律师事务所 律师 高级合伙人

张占良 北京市仁丰律师事务所 律师 主任

王 贺 北京市兆亿律师事务所 律师

陈景秋 《中国知识产权报·专利周刊》 副主编 记者

赵胜彪 北京君好法律咨询有限公司 执行董事／总法律顾问

赵培琳 北京易子微科技有限公司 创始人

附录三

"生态环境保护健康维权普法丛书"宣讲团队

北京君好法律顾问团，简称君好顾问团，由北京君好法律咨询有限责任公司组织协调，成员包括中国政法大学、北京大学、清华大学的部分专家学者，多家律师事务所的律师，企业法律顾问等专业人士。顾问团成员各有所长，有的擅长理论教学、专家论证；有的熟悉实务操作、代理案件；有的专职于非诉讼业务，做庭外顾问；有的从事法律风险管理，防患于未然。顾问团成员也参与普法宣传等社会公益活动。

一、顾问团主要业务

1. 专家论证会

组织、协调、聘请相关领域的法学专家、学者，针对行政、经济、民商、刑事方面的理论和实务问题，举办专家论证会，形成专家论证意见，帮助客户解决疑难法律问题。

2. 法律风险管理

针对客户经营过程中可能或已经产生的不利法律后果，从管理的角度提出建议和解决方案，避免或减少行政、经济、民商甚至刑事方面不利法律后果的发生。

3. 企业法律文化培训

企业法律文化是指与企业经营管理活动相关的法律意识、法律思维、行为模式、企业内部组织、管理制度等法律文化要素的总和。通过讲座等方式学习企业法律文化，有利于企业的健康有序发展。

4. 投资融资服务

针对客户的投融资需求，协调促成投融资合作，包括债权股权投融资，为债权股权投融资项目提供相关服务和延伸支持等。

5. 形象宣传

通过公益活动、知识竞赛、举办普法讲座等方式，向受众传送客户的文化、理念、外部形象、内在实力等信息，进一步提高社会影响力，扩大产品或服务的知名度。

6. 市场推广

市场推广是指为扩大客户产品、服务的市场份额，提高产品的销量和知名度，将有关产品或服务的信息传递给目标客户，促使目标客户的购买动机转化为实际交易行为而采取的一系列措施，如举办与产品相关的普法讲座、组织品鉴会等。

7. 其他相关业务

二、顾问团部分成员简介

王灿发：联合国环境署－中国政法大学环境法研究基地主任，国家生态环境保护专家委员会委员，生态环境保护部法律顾问。有"中国环境科学学会优秀科技工作者"的殊荣。现为中国政法大学教授，博士生导师，中国政法大学环境资源法研究和服务中心主任，北京环助律师事务所律师。

孙毅：高级律师，北京市公衡律师事务所名誉主任，擅长刑事辩护、公司法律、民事诉讼等业务。有军人经历，曾任检察官、党校教师、律师事务所主任等职务。

朱永锐：北京市大成律师事务所高级合伙人，主要从事涉外法律业务。业务领域包括国际投融资、国际商务、企业并购、国际金融、知识产权、国际商务诉讼与仲裁、金融与公司犯罪。

崔师振：北京卓海律师事务所合伙人，北京律师协会风险投资和私募股权专业委员会委员，擅长企业股权架构设计和连锁企业法律服务，包括合伙人股权架构设计、员工股权激励方案设计和企业股权融资法律风险防范。

侯登华：北京科技大学文法学院法律系主任、教授、硕士研究生导师、法学博士、律师，主要研究领域是仲裁法学、诉讼法学、劳动法学，同时从事一些相关的法律实务工作。

陈健：中国政法大学民商经济法学院知识产权教研室副教授、法学博士。研究领域：民法、知识产权法、电子商务法。社会兼职：北京仲裁委员会仲裁员、英国皇家御准仲裁员协会会员。

李冰：女，北京市维泰律师事务所律师，擅长婚姻家庭纠纷，经济纠纷及公司等业务。曾经在丰台区四个社区担任长年法律顾问，从事社区法律咨询等工作。

袁海英：河北大学政法学院副教授、硕士研究生导师，河北省知识产权研究会秘书长，主要从事知识产权法、国际经济法教学科研工作。

汤海清：哈尔滨师范大学法学院副教授、法学博士，北京大成（哈尔滨）律师事务所兼职律师，主要从事宪法与行政法、刑法的教学工作，从事律师工作二十余年，有较为丰富的司法实践工作经验。

徐玉环：女，北京市公衡律师事务所律师，主要从事公司法律事务。业务领域包括建设工程相关法律事务、民事诉讼与仲裁。

张雁春：北京市公衡律师事务所律师，主要从事公司法律事务，擅长公司诉讼及非诉案件，为当事人挽回了大量经济损失。

张占良：民商法学硕士，律师，北京市仁丰律师事务所主任，北京市物权法研究会理事。主要办理外商投资、企业收购兼并、房地产法律业务，从事律师业务十九年，具有丰富的律师执业经验。

赵胜彪：法学学士，北京君好法律咨询有限公司执行董事 / 总法律顾问，君好法律顾问团、君好投融资顾问团协调人 / 主任，中国科技信息杂志法律顾问。主要从事企业经营过程中法律风险管理的实务、培训及研究工作。

三、顾问团联系方式：

办公地址：北京市朝阳区东土城路 6 号金泰腾达写字楼 B 座 507

联系方式：13501362256（微信号）

lawyersbz@163.com（邮箱）